Vorstellungsgespräch –
vorbereiten, überzeugen, gewinnen

Bewerbung Last Minute

Christian Püttjer und **Uwe Schnierda** kennen die Wünsche und Hoffnungen, aber auch Sorgen und Nöte von Bewerberinnen und Bewerbern seit über 20 Jahren. Ihre umfassenden Erfahrungen aus der Optimierung von Bewerbungsunterlagen, aus Einzelcoachings und aus Seminaren bringen sie in ihre praxisnahen Ratgeber ein, die exklusiv im Campus Verlag erscheinen. Die konkreten Tipps, die klare Sprache und die motivierende Unterstützung von Püttjer&Schnierda haben schon über einer Million Leserinnen und Leser weitergeholfen.

Weitere Informationen und Materialien zum Download finden Sie auf www.karriereakademie.de

PÜTTJER & SCHNIERDA

Vorstellungsgespräch – vorbereiten, überzeugen, gewinnen

Campus Verlag
Frankfurt/New York

ISBN 978-3-593-50909-2 Print

5. Auflage 2018

Umschlaggestaltung: Campus Verlag GmbH, Frankfurt am Main
Umschlagmotiv: © Shutterstock/Pressmaster
Satz: Publikations Atelier, Dreieich
Gesetzt aus der Akkurat und der Fedra Serif
Druck und Bindung: Beltz Bad Langensalza GmbH
Printed in Germany

www.campus.de

Inhalt

Einleitung: Wie gewinnen Sie im Vorstellungsgespräch?

Vorstellungsgespräche sind Rhetorik pur! Wer hier die Regeln der wirksamen Gesprächspsychologie kennt und nutzt, kann sich als Bewerberin oder Bewerber mit seinen Erfahrungen und Leistungen optimal präsentieren. Und auf diese Weise seine Chance auf eine Einstellung deutlich erhöhen.

Allerdings erleben wir es in unserer Beratungs- und Coachingpraxis regelmäßig, dass viele Bewerber allemal eine gute Arbeit machen, aber wirklich Schwierigkeiten damit haben, ihre Motivation, ihr Wissen und ihre Erfolge in der rhetorischen Sondersituation Vorstellungsgespräch geschickt darzustellen. Welche Fehler Sie auf jeden Fall vermeiden sollten und wie Sie es besser machen können, erläutern wir Ihnen in diesem Ratgeber.

Machen Sie sich schon an dieser Stelle bewusst: Im Gegensatz zu früher gibt es mittlerweile eine ausgeprägte Erwartungshaltung auf der Firmenseite: Bewerberinnen und Bewerbern müssen heutzutage *von sich aus* Einstellungsargumente liefern. Gefragt ist der aktive Bewerber, der sich im Vorfeld eines Gespräches mit seinen beruflichen Erfahrungen, seinen Stärken, aber auch seinen Schwächen auseinander gesetzt hat. Zusätzlich muss der Bewerber deutlich machen können, dass er sich ebenso intensiv mit den Anforderungen der neuen Stelle und dem neuen Unternehmen beschäftigt hat.

Der Schlüssel zu einem gelungenen Vorstellungsgespräch ist die Darstellung eines individuellen beruflichen Profils.

Auch in unserer Beratungspraxis üben wir deshalb mit unseren Kunden zuerst eine passgenaue Selbstpräsentation des beruflichen Könnens ein. Und danach trainieren wir mit ihnen auf spezielle Fragen glaubwürdig zu antworten, beispielsweise wenn es um den Umgang mit Kunden oder das Verhältnis zu früheren Vorgesetzten geht.

Wir verfolgen dabei immer das Ziel, dass Bewerberinnen und Bewerber es schaffen ihre vielfältigen beruflichen Erfahrungen und Stärken anhand konkreter Beispiele aussagekräftig zu formulieren. Und dieser Lernerfolg führt letztendlich auch zum Einstellungserfolg.

Überlassen auch Sie Ihr Abschneiden in Vorstellungsgesprächen nicht dem Zufall. Trainieren Sie jetzt, damit Sie im Ernstfall überzeugen können. Wir erläutern Ihnen,

- → **wie Sie die gängigen Bewerberfehler vermeiden,**
- → **wie Sie Einstellungsargumente ins Gespräch einbringen,**
- → **welche Argumentationstechniken Ihnen dabei helfen,**
- → **wie Sie Ihren Stellenwechsel begründen,**
- → **wie Sie Ihre Stärken in den Vordergrund stellen,**
- → **wie sich Schwächen ungefährlich darstellen lassen,**
- → **wie Sie auf Stress- und Kontrollfragen souverän reagieren,**
- → **wie Sie mit Ihrer Körpersprache punkten,**
- → **wie Sie auch im zweiten Gespräch überzeugen und**
- → **wie Sie Ihre Gehaltsvorstellungen durchsetzen.**

Dabei werden wir Ihnen sowohl erfolgversprechende Strategien für Ihre Vorstellungsgespräche erläutern und Sie ebenso mit den am häufigsten gestellten Fragen vertraut machen. Zahlreiche Praxisbeispiele aus unserer Beratungstätigkeit werden auch bei Ihnen für die nötigen »Aha-Erlebnisse« sorgen, damit Sie die gängigen Fehler vermeiden und sich nicht direkt ins Aus befördern. Lernen Sie die psychologischen Spielregeln von Job-Interviews kennen, um sicher und souverän aufzutreten – und so im Vorstellungsgespräch zu gewinnen.

Bewerben mit der Püttjer & Schnierda-Profil-Methode

Gesichtslose Bewerber, die wie austauschbar erscheinen, machen es sich und den Unternehmen unnötig schwer, zueinander zu finden. Machen Sie es besser: Sie werden bei Ihren Vorstellungsgesprächen positiv auffallen, wenn Sie Ihr Profil aussagekräftig und glaubwürdig vermitteln können.

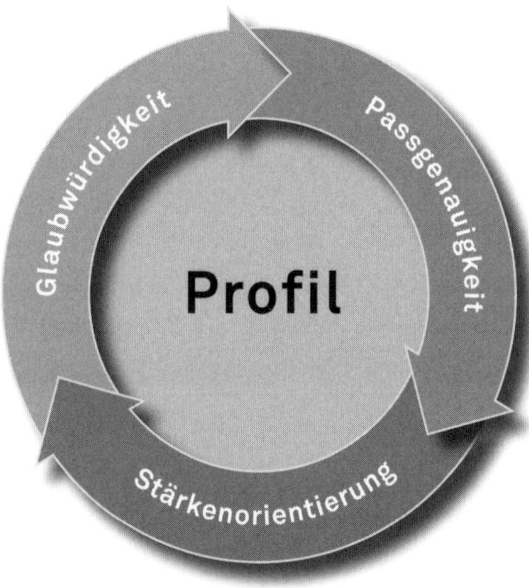

Die Profil-Methode, die wir in unserer rund 20-jährigen Beratungspraxis entwickelt haben, hat schon vielen Bewerbern zu mehr Erfolg verholfen (www.karriereakademie.de).

Drei Kernelemente kennzeichnen die Profil-Methode: Punkten Sie mit einer passgenauen Bewerbung, vermitteln Sie Ihre Stärken und treten Sie glaubwürdig auf.

1. Passgenauigkeit Je besser Sie im Vorstellungsgespräch auf die Anforderungen der Stelle eingehen, desto höher ist Ihre Erfolgsquote. Machen Sie sich den Blick der Firmenseite zu Eigen. Liefern Sie nachvollziehbare Argumente, warum Sie sich für gerade diese Stelle und diese Firma entschieden haben. So wird Ihre Bewerbung passgenau.

2. Stärkenorientierung Niemand lässt sich durch Krisen- und Problemschilderungen überzeugen – auch Firmen nicht! Verzichten Sie deshalb auf Selbstkritik und Abwertungen und stellen Sie stattdessen Ihre Vorzüge in den Mittelpunkt. So werden Ihre Stärken sichtbar.

3. Glaubwürdigkeit Verbiegen Sie sich nicht im Bewerbungsverfahren, Ihre Persönlichkeit ist gefragt! Verstecken Sie sich nicht hinter Leerfloskeln und abstrakten Formulierungen, liefern Sie stattdessen nachvollziehbare Beispiele, die Ihre Bewerbung mit Leben füllen. So gewinnen Sie Glaubwürdigkeit.

Alle im Campus Verlag erschienenen Bücher von Püttjer & Schnierda basieren auf der Profil-Methode. Profitieren auch Sie vom Wissen der Experten. Nutzen Sie diesen Ratgeber dazu, sich Schritt für Schritt Ihr eigenes Profil klarzumachen und es anderen im Vorstellungsgespräch nachvollziehbar zu vermitteln.

1. Praxis: Das sagen Bewerber – und das verstehen Personalverantwortliche

Die Einladung zu einem Vorstellungsgespräch zeigt Ihnen, dass die Firmenvertreter Sie persönlich kennen lernen möchten. Das ist eine große Chance – aber beileibe kein Selbstläufer! Aus Gesprächen mit Personalverantwortlichen wissen wir, dass viel zu viele Bewerber völlig unbedarft in Vorstellungsgespräche gehen.

Dem einen Teil der Personalprofis tut es durchaus leid, dass es nur wenige Bewerber schaffen, wirklich zu überzeugen. Der andere Teil hingegen ist eher erstaunt, dass sich Bewerber nicht besser vorbereiten, wo es doch um den neuen Arbeitsvertrag geht. Das Ergebnis bleibt in beiden Fällen das Gleiche: Bewerber, die sich schlecht präsentieren, erhalten eine Absage.

Natürlich kann man den Bewerbern zugute halten, dass sie üblicherweise nicht so vertraut mit den Spielregeln der Einstellungsinterviews sind wie die Personalentscheider. Den Vorwurf der mangelnden Vorbereitung sollten Bewerber aber aus eigenem Interesse unbedingt ernst nehmen. Schließlich geht es um ihre Zukunft. Eine falsche Strategie wie »Ich gehe einfach zum Vorstellungsgespräch und sehe dann, was passiert« kann nicht zum Erfolg führen, denn sie führt regelmäßig dazu, dass sich Bewerber unter Wert verkaufen.

Unter Wert verkauft

Gerade im Vorstellungsgespräch kommt dem gesprochenen Wort eine außerordentlich hohe Bedeutung zu. Viele Bewerber tun sich aber schwer damit, Ihre Fähigkeiten präzise und aussagekräftig zu formulieren. Wir erleben es leider sehr häufig, dass Bewerber in Gesprächen mit ungeschickten Formulierungen unabsichtlich Zweifel an ihrer Eignung säen. Der gute Wille, sich optimal darzustellen, ist sicherlich bei allen Bewerbern vorhanden, oft wird aber die besondere Situation verkannt, die im Vorstellungsgespräch herrscht. Bei privaten Gesprächen ist es nicht ganz so schlimm, wenn nicht jede Aussage »sitzt«. In Vorstellungsgesprächen dagegen ziehen die Personalverantwortlichen aus den Antworten der Bewerber Rückschlüsse auf deren Persönlichkeit. Und dies geschieht innerhalb eines sehr knappen Zeitraums. Deshalb ist es wichtig, dass die Antworten der Bewerber trotz ihrer Nervosität und Anspannung überzeugend und aussagekräftig sind.

Es ist schwer, das Ruder wieder herumzureißen, wenn das Gespräch erst einmal in die falsche Richtung läuft. Missverständnisse zwischen Bewerbern und Personalverantwortlichen entstehen schnell – und werden dann leider stets zum Nachteil des Kandidaten ausgelegt. Personalprofis sind speziell für das Erkennen von Persönlichkeitsmerkmalen bei den Bewerbern geschult. Ihre antrainierte »Übersetzungsmaschine« läuft im Hinterkopf immer mit, und aus häufig gut gemeinten Antworten des Bewerbers können sie schnell unvorteilhafte Eigenschaften lesen.

Damit Sie eine genaue Vorstellung davon bekommen, womit sich Bewerber in die Nesseln setzen, haben wir einige Negativbeispiele für Sie zusammengestellt. Die folgende Übersicht »Bruchlandung im Vorstellungsgespräch« führt Ihnen vor Augen, wie Personalverantwortliche die Aussagen der Bewerber deuten.

Bruchlandung im Vorstellungsgespräch

Das sagen Bewerber:	**Das verstehen Personalverantwortliche:**
»Ich arbeite am liebsten kreativ.«	»Routine langweilt mich.« → *Fehlende Ausdauer*
»Meine momentane Arbeit unterfordert mich.«	»Ich habe mich nicht aktiv um Sonderaufgaben bemüht.« → *Mangelnde Eigeninitiative*
»Mein Vorgesetzter hat mich zum Schluss nicht mehr richtig unterstützt.«	»Weil ich nicht gut gearbeitet habe, hat man mir nichts mehr zugetraut.« → *Zweifel an der Leistungsfähigkeit*
»Meine Kollegen legen mir Steine in den Weg.«	»Ich kann mich nicht ins Team einfügen.« → *Mangelnde Teamfähigkeit*
»Ich bin der Beste, den Sie bekommen können.«	»Ich neige zur Selbstüberschätzung.« → *Fehlende Fähigkeit zur Selbstreflexion*
»Ich erwarte, dass man mich vorbehaltlos unterstützt.«	»Ich bin ein kleiner Tyrann.« → *Mangelnde Anpassungsfähigkeit*

Diese Auflistung von missverständlichen Aussagen des Bewerbers ließe sich noch ewig weiterführen. Hinzu kommen Schnitzer im allgemeinen Gesprächsverhalten: Dauerredner werden sich den Vorwurf gefallen lassen müssen, dass sie nicht auf andere eingehen können, Bewerber, die Personalverantwortliche ständig unterbrechen, geraten in Gefahr, als Egozentriker abgestempelt zu werden, und schweigende Zeitgenossen wirken so verschlossen und ängstlich, dass man ihnen ein zupackendes Verhalten abspricht.

Auch aus der Körpersprache werden zahlreiche Rückschlüsse gezogen. Ein souveränes Auftreten im Vorstellungsgespräch gelingt längst nicht allen Bewerbern. Führt er die Hand ständig zum Mund, wird vermutet, dass der Bewerber Informationen zurückhalten will, also nicht ganz die Wahrheit sagt. Wer im Stuhl zusammensackt, wird nicht das nötige Selbstbewusstsein zugesprochen bekommen. Weicht er dem Blick des Personalverantwortlichen immer wieder aus, scheint der Bewerber selbst nicht zu akzeptieren, dass er der Richtige für den Job ist. Mehr zu den Geheimnissen körpersprachlicher Mitteilungen erfahren Sie im Kapitel 10 *Körpersprache im Vorstellungsgespräch*.

Überzeugende Einstellungsargumente

Ausschließliche Kritik hilft Ihnen für Ihre Vorstellungsgespräche selbstverständlich nicht weiter. Das Problem ist, dass Sie von Personalverantwortlichen keine Rückmeldung darüber bekommen werden, mit welchen Sätzen Sie daneben gelegen haben. Deshalb möchten wir Ihnen nun zeigen, wie Sie Ihre beruflichen Stärken von vornherein vorteilhaft und überzeugend darstellen. Mit etwas Übung können Sie so den Persönlichkeits-Test im Vorstellungsgespräch besser bewältigen.

Dass Sie die Darstellung Ihrer Stärken in der eigenen Hand haben, zeigen uns immer wieder die Leistungen unserer Beratungsteilnehmer. Es ist zu Anfang eine Umstellung, bei den Antworten ständig im Blick zu behalten, dass der Personalverantwortliche Ihre Persönlichkeit mithilfe von Fragen zur Persönlichkeit »durchschauen« möchte. Wenn man aber erst einmal den Dreh raus hat, gelingt es viel besser, andere im (Vorstellungs-)Gespräch von den eigenen Stärken zu überzeugen.

Arbeiten Sie unsere Übersicht »Punktlandung im Vorstellungsgespräch« gründlich durch. Überlegen Sie sich an der einen oder anderen Stelle Beispiele für die Beschreibung Ihrer persönlichen Merkmale. Wichtig dabei ist, dass Sie sich von Vorwürfen gegen andere und nichtssagenden Floskeln lösen: Ihre Stärken werden erst dann sichtbar, wenn Sie sie positiv darstellen und mithilfe von Beispielen aus der Berufspraxis belegen.

Punktlandung im Vorstellungsgespräch

Das sagen Bewerber:	Das verstehen Personalverantwortliche:
»Meine Vorschläge führten zu einer deutlichen Qualitätsverbesserung in der Produktion.«	»Ich behalte die Interessen des gesamten Unternehmens im Blick.« → *Unternehmerisches Denken*
»Ich habe die Kollegen mit der neuen Software vertraut gemacht.«	»Ich kümmere mich um meine Kollegen.« → *Teamfähigkeit*
»Besonders stolz bin ich auf die Ausweitung des Kundenstammes, die mir im Vertrieb gelang.«	»Ich habe verkäuferisches Talent und kann mit Kunden umgehen.« → *Kontaktstärke und Abschlusssicherheit*

»Zur Vorbereitung von Entscheidungen habe ich Statistiken ausgewertet und die Ergebnisse präsentiert.«	»Ich kann trockenes Zahlenmaterial in anschauliche Zusammenhänge bringen.« → *Analytisches Geschick*
»Neben dem Tagesgeschäft habe ich mich in Sonderaufgaben um die bessere Einbindung von Lieferanten gekümmert.«	»Ich engagiere mich über meine Kernaufgaben hinaus.« → *Leistungswille*
»Die Kenntnisse in meinem Arbeitsbereich habe ich durch geeignete Seminare und Trainings erweitert.«	»Ich bin motiviert und halte mich über neue Methoden und Innovationen auf dem Laufenden.« → *Lernbereitschaft*

Sie sehen an unseren Positivbeispielen, dass es wichtig ist, konkrete Aufhänger aus Ihrem beruflichen Alltag zu wählen. Die Kunst bei der Darstellung von persönlichen Anforderungen liegt darin, sie so zu umschreiben, dass das dahinter stehende Schlagwort im Kopf des Personalverantwortlichen förmlich »aufleuchtet«. Andersherum funktioniert es nicht: Wenn Sie schlagwortartig mit Begriffen aus dem Bereich der Bewerberpersönlichkeit um sich werfen, aber die Begründungen weglassen, wirkt das unglaubwürdig. Personalverantwortliche können dann keine individuellen Stärken aus Ihren Antworten heraushören. Deshalb ist es immer besser, wenn Sie auf die Beispielebene heruntergehen und sich für eine aktive und individuelle Beschreibung Ihres umfangreichen Erfahrungsschatzes entscheiden.

Besonders überzeugend wirken Sie dann, wenn Sie Ihre Beispiele passgenau auf die Anforderungen aus der Stellenanzeige ausrichten. Überlegen Sie sich schon vorher, welche Beispiele geeignet wären. Welche Aufgaben können Sie sicher und schnell bewältigen? Haben Sie Kollegen vertreten? Wann haben Sie ein Projekt zum Laufen gebracht? Was haben Sie für Ihre Weiterbildung getan? Wann haben Sie sich über Ihren Aufgabenbereich hinaus engagiert? Auf welche Leistungen sind Sie besonders stolz? Sorgen Sie durch aussagekräftige Beispiele dafür, dass die Personalprofis hellhörig werden.

Sie müssen verinnerlichen, dass Vorstellungsgespräche heute immer auch ein doppelter Test sind. Ihre Persönlichkeit ist für die Personalverantwortlichen genauso wichtig wie Ihr Fachwissen. Begreifen Sie es als Chance, dass man Sie auch als Menschen und nicht nur als Funktionsträger kennen lernen möchte. Da Sie im Bewerbungsgespräch aber nur wenig Zeit haben, um sich mit allen Facetten Ihrer Persönlichkeit vorzustellen, müssen Sie den besonderen Blickwinkel der Personalentscheider stets berücksichtigen: Vorstellungsgespräche sind keine normalen Gespräche, sondern künstliche Situationen. Signalisieren Sie deshalb von Anfang an, dass Sie die Spielregeln kennen und auch sicher beherrschen – erst dann werden Sie die Personalverantwortlichen überzeugen können!

2. Taktik: Wer sitzt Ihnen gegenüber?

Mit wem müssen Sie im Vorstellungsgespräch rechnen? Wer stellt die Fragen und wertet sie aus? Wer entscheidet am Ende des Bewerbungsmarathons endgültig darüber, ob Sie eine Absage erhalten oder einen Arbeitsvertrag angeboten bekommen?

Wem Sie im Vorstellungsgespräch begegnen, hängt immer von der einstellenden Firma ab. Hilfreich ist hierbei, sich im Vorfeld mit der unterschiedlichen Erwartungshaltung aller am Einstellungsprozess Beteiligten auseinanderzusetzen. Daher werden wir Sie nun mit den wichtigsten Personen, die Ihnen im Vorstellungsgespräch gegenübersitzen, bekannt machen. Sie treffen in Vorstellungsgesprächen im Wesentlichen auf Personalverantwortliche, Fachvorgesetzte und Geschäftsführer beziehungsweise Firmeninhaber. Sie können es aber auch mit Betriebsräten, Personalratsmitgliedern oder Gleichstellungsbeauftragten zu tun bekommen.

Die Vorstellungen über den idealen neuen Mitarbeiter werden von den beruflichen Positionen der Entscheider mit beeinflusst. Deshalb hilft Ihnen die Auseinandersetzung mit der speziellen Perspektive der anderen Seite, Ihr Antwortverhalten im Vorstellungsgespräch flexibel zu handhaben.

Personalverantwortliche, Fachvorgesetzte und Geschäftsführer

Personalverantwortliche: Geschulte (hauptamtliche) Personalverantwortliche begegnen Ihnen in mittleren und großen Firmen. In kleineren Firmen wird die Personalarbeit eher nebenbei erledigt, dort wird über Bewerbungen meist vom Geschäftsführer und/oder dem zuständigen Fachvorgesetzten entschieden.

Personalverantwortliche legen andere Maßstäbe an als Fachvorgesetzte. Die Überprüfung von Fachkenntnissen, die zur erfolgreichen Berufsausübung nötig sind, steht deshalb bei Personalverantwortlichen zunächst im Hintergrund. Im Vordergrund stehen die persönlichen Fähigkeiten der Bewerber. Sie stellen daher gezielte Fragen zur der Motivation der Bewerbung, zum Grund für den Stellenwechsel, zur beruflichen Entwicklung, zum Selbstbild des Bewerbers und manchmal auch zur privaten Lebensgestaltung.

Vorstellungsgespräche mit Personalverantwortlichen finden wegen der Menge der Fragen an die Bewerber meist strukturiert statt, das heißt, oft wird ein vorbereiteter Fragenkatalog abgearbeitet. Wenn alle Kandidaten die gleichen Fragen beantworten müssen, so hat dies aus Sicht der Personalabteilung den Vorteil, dass die Bewerber später gut verglichen werden können. Die Inhalte der Antworten und das allgemeine Auftreten im Vorstellungsgespräch können dann systematisch bewertet, beispielsweise auf einer Skala von eins bis fünf, und auf einem Auswertungsbogen eingetragen werden. Bestimmte, im Vorfeld definierte, Kategorien werden in manchen Firmen unterschiedlich gewichtet. Dann nehmen beispielsweise Antworten zur Kundenorientierung innerhalb des Gesamtergebnisses einen höheren Rang ein als Antworten auf Fragen zur Überprüfung der Lernbereitschaft. Nach dem Gespräch legt der Personalverantwortliche eine Gesamtnote für jeden Bewerber fest und macht der Fachabteilung Vorschläge, welche Bewerber er für die Besetzung der ausgeschriebenen Position für geeignet hält.

Fachvorgesetzte: Ihre künftigen Fachvorgesetzten müssen Sie im Gespräch davon überzeugen, dass Sie den fachlichen Anforderungen des Arbeitsplatzes gerecht werden. Fachvorgesetzte sind oft keine Profis in Sachen Vorstellungsgespräch beziehungsweise Personalauswahl. Deshalb finden diese Gespräche meist unstrukturiert statt. Oft stellen sie die Abteilung, den Arbeitsplatz und aktuelle Aufgaben und Projekte vor. Sie gewinnen die Sympathie der Fachvorgesetzten, wenn Sie gezielt Fragen zu den Arbeitsabläufen stellen und auf ähnliche Projekte hinweisen, an denen Sie an Ihrem alten Arbeitsplatz bereits erfolgreich mitgearbeitet haben.

Wichtig dabei ist, dass Sie immer wieder typische Schlüsselworte aus dem Tagesgeschäft in das Gespräch einfließen lassen. Damit umgeben Sie sich mit dem »Stallgeruch«, der zeigt, dass Sie dazugehören. Mit etwas Übung gelingt es Ihnen, Schlüsselbegriffe in Vorstellungsgesprächen konsequent in Ihre Antworten einzubauen, und sie auch geschickt in Ihre eigenen Fragen einfließen zu lassen. Sie werden feststellen, dass diese Kommunikationstechnik Sie insbesondere im Umgang mit Fachspezialisten weiterbringt. Das Interesse an Ihnen nimmt zu, wenn Ihr Gegenüber aus der Fachabteilung den Eindruck hat, dass er mit seinen Wünschen an künftige Mitarbeiter verstanden wird.

Schlüsselbegriffe für kaufmännische Mitarbeiter

Schlüsselbegriffe, die Sie in einem Vorstellungsgespräch als Bewerber um eine kaufmännische Position einsetzen können, sind: »Kundenberatung«, »PC-gestützte Beratungssysteme«, »Angebotserstellung« und »Aufträge«. Entsprechende Formulierungen im Gespräch mit Fachvorgesetzten könnten dann lauten: »Während meiner Tätigkeit für die XY-GmbH habe ich viel Erfahrung in der Kundenberatung gewonnen. Mithilfe von PC-gestützten Beratungssystemen habe ich für die Kunden individuelle Angebote erstellt, nachverfolgt und so für die Firma immer wieder gute Aufträge hereingeholt.«

Schlüsselbegriffe für Assistentinnen

Geeignete Schlüsselbegriffe für Assistentinnen sind: »eigenverantwortliche Arbeitsweise«, »Organisation« und »Planung«. Im Vorstellungsgespräch lassen sich mit diesen positiven Reizwörtern Sätze bilden wie: »Ich habe mir im Laufe der Jahre eine eigenverantwortliche Arbeitsweise angeeignet, die mir auch an meinem derzeitigen Arbeitsplatz dabei geholfen hat, Verwaltungs- und Organisationsaufgaben selbstständig zu erledigen. Dabei hilft mir meine Erfahrung in der Terminplanung und Wiedervorlage. Schließlich muss ja irgendjemand die wichtigen Termine auch ständig im Blick behalten.«

Nutzen Sie die im Vergleich mit Personalverantwortlichen eher offene Gesprächssituation, die Sie im Vorstellungsgespräch mit Fachvorgesetzten erwartet. Setzen Sie sich mit dem gezielten Einsatz von Schlüsselbegriffen aus dem Tagesgeschäft positiv in Szene und steigern Sie auf diese Weise das Interesse an Ihrer Person, Ihren Fähigkeiten und Ihren Kenntnissen.

Geschäftsführer und Firmeninhaber: Begegnen Ihnen Geschäftsführer oder Firmeninhaber im Vorstellungsgespräch, können Sie mit Ihren Antworten punkten, wenn Sie sich den besonderen beruflichen Hintergrund dieser »Entscheider« vergegenwärtigen. Geschäftsführer und Firmeninhaber sind »Macher«, das heißt, sie sind es gewohnt, ihre Interessen gegen den Widerstand von Personen oder Institutionen durchzusetzen, sie sind überzeugt davon, dass persönlicher und beruflicher Erfolg mit einer überdurchschnittlichen Leistungsbereitschaft einhergeht, und sie sind wenig detail, dafür aber umso mehr ergebnisorientiert.

Als Bewerber machen Sie Eindruck auf Geschäftsführer und Firmeninhaber, wenn Sie Situationen schildern, in denen Sie sich zielstrebig »durchgebissen« haben, um beruflich etwas zu erreichen. Betonen Sie im Gespräch, was Sie in Ihren bisherigen beruflichen Positionen alles geleistet haben. Machen Sie klar, dass auch in Zukunft noch eine Menge von Ihnen zu erwarten ist, weil diese Leistungsbereitschaft ein wichtiger Aspekt Ihrer Persönlichkeit ist.

Ganz besonders positiv reagieren die »Macher an der Firmenspitze« auch auf Leistungen, die über das alltägliche Maß hinausgehen. Verweisen Sie auf von Ihnen angeschobene Sonderprojekte oder auf Ihre Anregung hin durchgeführte Verbesserungsmaßnahmen. Die Bereitschaft zur Übernahme von betrieblichen Sonderaufgaben und die entsprechenden Belege aus Ihrem bisherigen Werdegang überzeugen Führungsspitzen von Ihrer überdurchschnittlichen Motivation.

Teamleiterin

Eine Bewerberin für die Position einer Teamleiterin kann sich der Anerkennung durch den Geschäftsführer sicher sein, wenn sie sich folgendermaßen darstellt: »Als Gruppenleiterin in der Produktentwicklung sind mir immer wieder Optimierungsmöglichkeiten hinsichtlich der Qualität aufgefallen. Es fiel mir aber oft schwer, für meine Vorschläge zur besseren Vernetzung von Entwicklung, Vertrieb und Service Gehör zu finden, mir fehlten wohl manchmal die richtigen Argumente. Um hier überzeugender auftreten zu können habe ich mich entschieden, berufsbegleitende Seminare zum Qualitätsmanagement zu belegen. Diese Seminare haben sich für mich gelohnt, meine Vorschläge wurden nun auch aufgenommen und umgesetzt.«

Geschäftsführer und Firmeninhaber achten erfahrungsgemäß ebenso stark auf Brüche in einem Lebenslauf. Nach ihrer Auffassung zeigt sich gerade in der Fähigkeit, mit Rückschlägen umzugehen und daraus entsprechende Konsequenzen für sich zu ziehen, das wahre Gesicht von Bewerbern. Zur Vorbereitung des Vorstellungsgesprächs sollten Sie deshalb Ihren übersandten Lebenslauf nochmals daraufhin überprüfen und sich überlegen, an welchen Punkten Sie mit entsprechenden Nachfragen rechnen müssen. Überlegen Sie sich schon in der Vorbereitungsphase, was Sie bei Brüchen in Ihrer Entwicklung aktiv getan haben, um die Situation zum Besseren zu wenden. Dies können Sie dann zu Ihren Gunsten auch so im Gespräch gegenüber Geschäftsführern vertreten.

Ausbildungsabbruch im Vorstellungsgespräch

Firmeninhaber fragen oft nach, wenn aus den Unterlagen eines Bewerbers hervorgeht, dass er einmal eine Ausbildung oder ein Studium abgebrochen hat. Dann kommt es darauf an, die berufliche Entwicklung nach dem Abbruch als geplant und zielgerichtet darzustellen, beispielsweise so: »Nach dem Abbruch meiner ersten Ausbildung habe ich einsehen müssen, dass ich einfach viel zu schlecht über das Berufsfeld informiert war. Bei meiner zweiten Ausbildung habe ich es dann besser gemacht. Ich habe mich gründlich informiert, gezielt ein Praktikum absolviert und die zweite Ausbildung dann mit gutem Erfolg abgeschlossen. Dies zeigt sich für mich auch daran, dass ich von der Firma übernommen wurde, dort noch einige Jahre gearbeitet habe.«

Betriebsräte, Personalratsmitglieder oder Gleichstellungsbeauftragte: In größeren Unternehmen, in Konzernen und auch in manchen Behörden begegnen Ihnen im Vorstellungsgespräch Betriebsräte, Personalratsmitglieder oder Gleichstellungsbeauftragte. Wir haben schon von Vorstellungsgesprächen gehört, in denen ein Bewerber allein einer bunt gemischten Runde von sieben Gesprächspartnern gegenüber saß. Üblicherweise sind dann auf der Firmenseite Wortführer zu erkennen, auf die Sie – wie eben dargestellt – eingehen sollten. Wichtig ist es aber, alle Anwesenden gleichermaßen ernst zu nehmen. Es darf Ihnen nicht passieren, dass Sie sich ausschließlich auf die Wortführer konzentrieren und die anderen kaum eines Blickes würdigen. Trainieren Sie also auf die Frage des jeweiligen Fragestellers zu antworten, dabei aber auch immer den Blick zu allen anwesenden Gesprächspartnern zu suchen.

Betriebsräte, Personalratsmitglieder oder Gleichstellungsbeauftragte halten sich meist mehr im Hintergrund. Die eine oder andere Frage wird Ihnen allerdings auch aus diesem Teilnehmerkreis gestellt werden. Es gilt die Regel, dass die eigene Wichtigkeit der Teilnahme am Vorstellungsgespräch durch mindestens eine direkte Frage unterstrichen werden muss. Dabei handelt es sich regelmäßig um Fragen, die direkt auf Ihre künftigen Arbeitsaufgaben zielen. Mit der Gesprächsstrategie, diese Fragen wie die eines Fachvorgesetzten zu behandeln, liegen Sie daher richtig. Lassen Sie aufblitzten, dass Sie wissen, welche Aufgaben auf Sie zukommen und dass sich Ihre Kollegen auch in der Vergangenheit immer auf Sie verlassen konnten.

So laufen Vorstellungsgespräche ab

Ein typisches Vorstellungsgespräch dauert ein bis zwei Stunden. Natürlich kann die Ausgestaltung von Vorstellungsgesprächen je nach Firma und Vorliebe der Beteiligten unterschiedlich aussehen. Es gibt aber häufig einen Ablauf, an dem Sie sich orientieren können. Die Übersicht »Phasen des Vorstellungsgespräches« zeigt Ihnen, was Sie genau erwartet.

Phasen des Vorstellungsgespräches

- → Begrüßung
- → Small Talk zur Auflockerung der Atmosphäre
- → Kurze Darstellung der Firma
- → Gelegenheit zur Selbstpräsentation
- → Fragenblöcke zur Überprüfung der fachlichen Kenntnisse und persönlichen Fähigkeiten
- → Gelegenheit für den Bewerber, eigene Fragen zu stellen
- → Abschluss des Gespräches

Sie sollten sich stets vor Augen halten, dass Sie selbst großen Einfluss auf den Gesprächsverlauf ausüben können – allerdings nur, wenn Sie sich auch gut vorbereiten. Vor allem in Bezug auf die Selbstdarstellung und die Fragenblöcke ist eine intensive Vorarbeit unerlässlich. Im anschließenden Kapitel 3 *Vorbereitung: So liefern Sie Einstellungsargumente* werden wir Ihnen zeigen, wie Sie sich eine aussagekräftige Selbstpräsentation erarbeiten, mit der Sie die Entscheider auf der Firmenseite überzeugen.

3. Vorbereitung: So liefern Sie Einstellungsargumente

Nun werden wir Ihnen ausführlich vorstellen, wie Sie im Vorstellungsgespräch mit Einstellungsargumenten überzeugen können. Lassen Sie sich weiter zeigen, wie Sie mit einer überzeugenden Selbstpräsentation Ihres Könnens im Vorstellungsgespräch von Anfang an in Führung gehen.

Sie haben mehr zu bieten, als Sie glauben

Fast alle Bewerberinnen und Bewerber haben etwas zu bieten, was für den Wunscharbeitgeber interessant ist. Allerdings stellen wir in unseren Seminaren und Einzelberatungen häufig fest, dass es den meisten schwer fällt, Ihre Qualifikationen und Erfahrungen auch an den Mann oder die Frau zu bringen. Entweder agieren die Kandidaten im Vorstellungsgespräch zu passiv und vertrauen darauf, dass die Personalprofis ihnen schon die richtigen Argumente entlocken werden. Oder es werden zwar Argumente geliefert, aber nicht diejenigen, die für die Firma interessant sind.

Vorsicht Falle!
Überlassen Sie es nicht ausschließlich dem Personalverantwortlichen, ein Bild Ihrer beruflichen Qualifikation und Soft Skills zu konstruieren: Passivität führt ins Aus.

Damit Sie in der Lage sind, von sich aus relevante Einstellungsargumente zu nennen, sollten Sie sich zuerst einen Überblick über Ihre beruflichen Erfahrungen verschaffen. Führen Sie zunächst sämtliche Einstellungsargumente an. Das Zuschneiden Ihrer Argumente auf eine ausgeschriebene Stelle erläutern wir Ihnen in einem zweiten Schritt. Zunächst geht es darum, überhaupt Ihr berufliches Profil sichtbar zu machen.

Arbeiten Sie nun stichwortartig eine Liste aus, in der Sie skizzieren, was Sie alles können. Damit nichts unter den Tisch fällt, können Sie den folgenden Fragenkatalog nutzen.

Was Sie alles können

- → Welche Branchenerfahrung bringen Sie mit?
- → In welchen Abteilungen haben Sie bereits gearbeitet?
- → Welche Unternehmensbereiche haben Sie kennengelernt?
- → Welche Aufgaben gehören zu Ihrem Tagesgeschäft?
- → Haben Sie schon einmal Kollegen vertreten?
- → Zu welchen Themen haben Sie Kollegen beraten?
- → Sind Sie mit Sonderaufgaben betraut gewesen?
- → An welchen Projekten haben Sie mitgearbeitet?
- → Welche Weiterbildungsmaßnahmen haben Sie wahrgenommen?
- → Haben Sie sich in einer Fortbildung ein neues Berufsbild erschlossen?
- → Welche berufsrelevanten Kenntnisse haben Sie sich in Ihrer Freizeit angeeignet?
- → Auf welche beruflichen Erfolge sind Sie besonders stolz?
- → Haben Sie den Kundenstamm ausgeweitet?
- → Haben Sie geholfen, die Marktposition der Firma zu sichern?

- → Kann man Umsatzsteigerungen auf Ihren Einsatz zurückführen?
- → Haben Sie im Ausland gearbeitet?
- → Haben Sie neue Mitarbeiter oder Kollegen eingewiesen?
- → Sind von Ihnen Kundenschulungen durchgeführt worden?
- → Sind Veränderungsprozesse von Ihnen angeschoben worden?
- → Verfügen Sie über Führungserfahrung?

Die Zusammenstellung Ihrer beruflichen Erfahrungen sollten Sie gründlich ausarbeiten. Sie schaffen sich damit nicht nur eine Argumentationsbasis, sondern auch eine Liste von berufsbezogenen Beispielen, mit denen Sie sich als glaubwürdiger Bewerber präsentieren können. Schließlich werden Personalverantwortliche Ihren Aussagen nicht ohne weiteres vertrauen, sondern schon an einigen Punkten genauer nachhaken und mit ihren Fragen anknüpfen. Dann ist es gut, wenn Sie ein Praxisbeispiel als Beleg für bestimmte Erfahrungen oder Stärken liefern können.

Nicht immer werden alle beruflichen Erfahrungen, die Sie bisher sammeln konnten, für die neue Stelle wichtig sein. Nachdem Sie Ihre Einstellungsargumente gesammelt haben, sollten Sie daher die Stellenanzeige zur Hand nehmen und die einzelnen Punkte auf ihre Tauglichkeit überprüfen: Unterstreichen Sie die Argumente, die besonders gut auf die ausgeschriebene Stelle passen. Diese beruflichen Qualifikationen bilden das Grundgerüst Ihrer Argumentation. Um sie auch aktiv ins Gespräch einbringen zu können, müssen Sie diese Einstellungsargumente nun zu einer Selbstpräsentation verknüpfen, also zu einer Zusammenfassung Ihrer wichtigsten Argumente.

Mithilfe dieser Selbstpräsentation schaffen Sie es, auch die Personalverantwortlichen von Ihren Stärken zu überzeugen.

Erarbeiten Sie sich eine individuelle Selbstpräsentation

Ihre zentrale Aufgabe im Vorstellungsgespräch ist, sich selbst zu präsentieren. Es ist ein immer wieder anzutreffender Bewerberfehler, ohne eine ausgearbeitete individuelle Kurzvorstellung ins Gespräch zu gehen. Es wird aber von Ihnen erwartet, dass Sie sich selbst ins rechte Licht setzen können. Dafür müssen Sie eine Selbstpräsentation parat haben.

Die Selbstpräsentation hat zur Aufgabe, kurz und bündig über Sie zu informieren, zentrale Einstellungsargumente zu liefern und dem Personalverantwortlichen Ihre beruflichen Erfahrungen und Stärken zu verdeutlichen.

Vorsicht Falle!
Eine bloße Nacherzählung des eigenen Lebensweges liefert dem Personalprofi keine relevanten Informationen, belegt aber Ihre mangelnde Vorbereitung!

Wenn ein Bewerber lediglich die Stationen seines bisherigen Lebens aneinander reiht, fallen berufliche Inhalte, Schwerpunktbildungen, besondere Erfahrungen, spezielle Kenntnisse und herausragende Erfolge leider unter den Tisch. Das für Personalverantwortliche wirklich interessante Qualifikationsprofil erfahren sie durch die Lebenswegschilderung nur in den seltensten Fällen. Sie sollten stattdessen anders vorgehen und echte Argumente liefern: Setzen Sie in Ihren Vorstellungsgesprächen das von uns entwickelte Überzeugungselement der

Selbstpräsentation ein. Die Selbstpräsentation unterscheidet sich ganz wesentlich von den üblichen Schilderungen der beruflichen Entwicklung: Sie stellt die speziellen Anforderungen der neuen Stelle in den Mittelpunkt und schneidet die Darstellung der beruflichen Erfahrungen darauf zu.

Im Vorstellungsgespräch ist Ihre Selbstpräsentation gefragt. Sie wird von Personalverantwortlichen mit Fragen wie »Warum sollten wir Sie einstellen?«, »Was unterscheidet Sie von anderen Bewerbern?« oder auch »Warum haben Sie sich gerade für die ausgeschriebene Stelle beworben?« eingefordert. Bewerber, die wissen, was sie auf diese und ähnliche Fragen antworten können, sind im Vorteil. Auch Sie sollten deshalb unsere Regeln für die Ausarbeitung einer überzeugenden Selbstpräsentation beachten. Diese Erfolgsregeln lauten:

→ ***Regel 1:*** **Wunschposition im Blick haben**
→ ***Regel 2:*** **Individuelles Profil vermitteln**
→ ***Regel 3:*** **Beispiele für persönliche Fähigkeiten geben**
→ ***Regel 4:*** **Beschreiben statt bewerten**
→ ***Regel 5:*** **Schlüsselbegriffe aus dem Tagesgeschäft verwenden**

Wunschposition im Blick haben

Personalverantwortliche kritisieren an durchschnittlichen Bewerbern besonders, dass sie in ihrer Selbstdarstellung überhaupt nicht auf die speziellen Anforderungen der zu vergebenden Stelle eingehen. In Ihrer Selbstpräsentation sollten Sie daher deutlich machen, dass Sie die Stellenausschreibung gründlich durchgearbeitet haben. Dies gelingt Ihnen, indem Sie Verknüpfungen zwischen den einzelnen Anforderungen und Ihrem beruflichen Profil herstellen.

Es ist beispielsweise keine passgenaue Aussage, wenn eine Bewerberin für eine Stelle im technischen Einkauf sagt: »Ich habe nach der Schule einen kaufmännischen Abschluss erworben und dann auch in diesem Bereich bei verschiedenen Firmen gearbeitet.« Selbstauskünfte wie diese passen auf jede Bewerberin gleich gut – oder vielmehr gleich schlecht. Besser wäre es, ausgewählte Anforderungen im angestrebten Arbeitsfeld aufzugreifen: »Ich arbeite seit mehreren Jahren im Einkauf eines mittelständischen Maschinenbauunternehmens. Zu meinen Aufgaben gehören die Lieferantenauswahl, das Führen von Preisverhandlungen, die Bedarfsermittlung in den Fachabteilungen und die Liefermengenfestsetzung. Die Basis für meine Tätigkeit war ein Abschluss als Industriekauffrau.«

Sorgen Sie dafür, dass Sie sich mit Ihrer Selbstpräsentation von den oberflächlichen Ausführungen anderer Bewerber abheben. Stellen Sie Ihre bisherigen beruflichen Erfahrungen so dar, dass sich ein Bezug zur Wunschposition ergibt.

Individuelles Profil vermitteln

Ohne ein individuelles Profil geht heutzutage in einem Vorstellungsgespräch gar nichts mehr. Nicht umsonst haben wir die Profil-Methode als Bewerbungsstrategie entwickelt. Ihr Profil muss auch in der Selbstpräsentation erkennbar werden. Aus unserer Beratungstätigkeit wissen wir, dass dies vorrangig ein Problem der Selbstdarstellung ist. Ob spezielle Branchenerfahrung, umfangreiches Computerwissen, praxiserprobte Sprachkenntnisse, besondere Fähigkeiten im Umgang mit Kunden, Ausdauer bei der Lösung kniffliger technischer Fragen oder Talent bei der Schulung von Kollegen: Jeder und jede hat etwas Besonderes zu bieten.

Dies wird aber nicht deutlich, wenn Sie in der Selbstpräsentation Sätze verwenden wie »Ich möchte bei Ihnen im Vertrieb arbeiten, weil mich diese Arbeit anspricht.« Hier ist mehr Substanz gefragt. Ihr Engagement für das eigene Berufsfeld sollte auch Personalverantwortliche ansprechen. Ein individuelles Profil wird so deutlicher: »Im Vertrieb habe ich sowohl im Innen- als auch im Außendienst gearbeitet. Neben der Betreuung von Großkunden vor Ort habe ich Verkaufsförderungsaktionen entwickelt und umgesetzt. Besonders engagiert habe ich mich für die Kundenansprache durch Point-of-Sale-Systeme. Für Fachmärkte und Handelsketten habe ich spezielle Verkaufsdisplays anfertigen lassen. Dadurch konnte der Umsatz nachhaltig gesteigert werden.«

Vermeiden Sie in Ihrer Selbstpräsentation die Todsünde der Profillosigkeit. Überlegen Sie sich, in welcher Weise Sie sich von anderen Bewerbern unterscheiden, und arbeiten Sie dies in Ihrer Selbstpräsentation heraus.

Beispiele für persönliche Fähigkeiten geben

Der Stellenwert, den persönliche Fähigkeiten im Berufsalltag haben, sollte Ihnen mittlerweile bewusst geworden sein. Nur den wenigsten Bewerbern gelingt es aber, bei der Darstellung ihrer beruflichen Erfahrungen im Vorstellungsgespräch so vorzugehen, dass die vom neuen Arbeitgeber gewünschten persönlichen Fähigkeiten auch deutlich werden.

Abstrakte Selbstbeschreibungen bringen auch hier nichts. Sätze wie »Ich bin flexibel, motiviert und immer auf der Suche nach der neuen Herausforderung« oder »Man lobt immer wieder meine Kontaktfreude« sind Nullaussagen. Unter diesen Leerfloskeln können sich Personalprofis alles und nichts vorstellen. Machen Sie Ihre persönlichen Fähigkeiten an Beispielen fest, indem Sie berufliche Situationen skizzieren, in denen Sie die entsprechenden persönlichen Fähigkeiten konkret eingesetzt haben.

Wird eine »kundenorientierte Mitarbeiterin« gesucht, reicht es nicht aus zu sagen »Ich bin kundenorientiert«. Besser und aussagekräftiger wäre: »Als Mitarbeiterin im Service bin ich das Bindeglied zwischen den einzelnen Abteilungen. Meine Aufgabe besteht darin, die Rückmeldungen der Servicetechniker an die Produktion, aber auch an die Entwicklung weiterzuleiten. Ich sehe mich als Sprachrohr des Kunden in der Firma.« Hören Personalverantwortliche derart konkrete Selbstbeschreibungen, entsteht vor ihrem inneren Auge automatisch das Bild einer Mitarbeiterin, die Kundenorientierung nicht nur als Lippenbekenntnis pflegt, sondern auch tatsächlich lebt. Gewöhnen Sie sich für Ihre Selbstpräsentation an, mit praktischen Berufserfahrungen zu argumentieren, wenn Sie Ihre persönlichen Fähigkeiten belegen möchten.

Beschreiben statt bewerten

Wer mag schon vermeintliche Supermänner, die den ganzen Tag lang bei jeder passenden und unpassenden Gelegenheit betonen, dass ohne sie der ganze Laden doch schon längst zusammengebrochen wäre? Personalverantwortliche jedenfalls nicht. Deshalb dürfen Selbstbeschreibungen wie »Hören Sie auf zu suchen, Sie finden keinen besseren!« oder »Greifen Sie zu, bevor es eine andere Firma tut!« auf keinen Fall in Ihrer Selbstpräsentation auftauchen.

In Vorstellungsgesprächen ist es tödlich, wenn sich Kandidaten übertrieben selbst anpreisen: Zuhörer werden dann automatisch in die Rolle des Skeptikers gedrängt, der nur noch nach Argumenten und Widersprüchen sucht, die gegen den »Alleskönner von eigenen Gnaden« sprechen. Ist zwischen Bewerber und Personalverantwortlichem erst einmal diese Kampfstimmung entstanden, sieht es schlecht für den Bewerber aus.

Doch auch auf das andere Extrem reagieren Personalverantwortliche allergisch: Bewerber, die die Zähne nicht auseinander kriegen. Und unterwürfiges Anbiedern im Stil von »Sicherlich sind Ihre Ansprüche höher als mein Können, ich würde mich freuen, wenn Sie mir dennoch eine Chance geben würden« führt genauso ins Aus. Wenn nicht einmal der Bewerber selbst an sich glaubt, dann der Personalprofi erst recht nicht.

Die goldene Regel für Selbstpräsentationen lautet daher »Beschreiben, aber nicht bewerten«. Dies gelingt Ihnen, indem Sie neutrale Formulierungen einsetzen, wie »Ich habe ... gemacht« oder »Zu meinen Tätigkeitsbereichen gehören ...« Der Vorteil der beschreibenden Selbstdarstellung liegt darin, dass sie den Hörer nicht in eine Konfrontationshaltung hineintreibt. Sie liefert Informationen, fordert aber nicht zum Widerspruch heraus, sodass der Personalverantwortliche sich unbelastet ein Urteil über Ihre Qualifikationen machen kann.

Aus unseren Bewerbungstrainings und Einzelberatungen wissen wir, dass es gar nicht so einfach ist, sich an einen beschreibenden Stil zu gewöhnen – aber mit etwas Übung gelingt es allen. Damit Sie es leichter haben, haben wir für Sie die Übersicht »Sachlich überzeugen« auf der rechten Seite zusammengestellt. Setzen Sie einfach in die Lücken Ihre speziellen Kenntnisse und Erfahrungen ein, und Sie haben ein Grundgerüst für Ihre aussagekräftige und glaubwürdige Selbstpräsentation.

Sachlich überzeugen

- Ich verfüge über Computerkenntnisse in den Programmen ..., ... und ...«
- »Ich habe am Projekt ... mitgearbeitet.«
- »In einer meiner Sonderaufgaben war ich mit der Umsetzung von Maßnahmen im Bereich ... betraut.«
- »Ich habe ... und ... organisiert.«
- »Meine besonderen Erfahrungen liegen in den drei Bereichen ..., ... und ...«
- »Im Rahmen einer Kollegenvertretung habe ich auch die Bereiche ... und ... kennen gelernt.«
- »Ich habe mich schwerpunktmäßig mit ... und ... beschäftigt.«
- »In meiner Tätigkeit als ... war ich überwiegend für ... und ... zuständig.«
- »Verantwortlich war ich für ... und ...«
- »Bei meinem vorletzten Arbeitgeber habe ich mich auch intensiv mit ... auseinander gesetzt.«
- »Zusätzlich bin ich auch mit den Aufgaben eines ... betraut worden.«
- »In einer Weiterbildung habe ich meine Kenntnisse im Bereich ... aufgefrischt.«

Schlüsselbegriffe aus dem Tagesgeschäft verwenden

Wenn es Ihnen bei der vorherigen Übung nicht auf Anhieb gelungen ist, die Lücken zu füllen, brauchen Sie sich nicht zu grämen: Viele Menschen sind mit den Aufgaben, die sie täglich bearbeiten, so vertraut, dass sie sie kaum in Worte fassen können. Den Personalverantwortlichen allerdings stehen diese Aufgaben nicht so klar vor Augen wie Ihnen. Sie müssen ihnen deshalb in Ihrer Selbstpräsentation erläutern, was Sie alles können. Hierbei helfen Ihnen Schlüsselbegriffe aus dem Tagesgeschäft, mit denen Sie Ihre beruflichen Erfahrungen stichwortartig aufblitzen lassen können.

Schlüsselbegriffe sind Worte mit besonders hohem Informationsgehalt. Wer Schlüsselbegriffe und Schlagworte in seiner Selbstpräsentation einsetzt, kann sein Profil in kurzer Zeit prägnant und aussagekräftig darstellen. Für einen Marketingmitarbeiter reicht es zum Beispiel nicht aus, zu sagen »Ich kenne das Marketing aus dem Effeff. Da ich schon viele verschieden Produkte vermarktet habe, werde ich auch Ihre Produkte bekannt machen.« Besser, weil informativer und näher am Tagesgeschäft, ist die folgende Variante: »Bei meinem momentanen Arbeitgeber bin ich im Marketing für Produktrelaunches zuständig. Ich erarbeite nach einer gründlichen Analyse der bisherigen Absatzzahlen neue Vertriebskanäle und gestalte gemeinsam mit den Produktmanagern das Produkt so um, dass es den sich wandelnden Kundenbedürfnissen besser gerecht wird.«

Die soeben verwendeten Schlüsselbegriffe »Produktrelaunches«, »Analyse der Absatzzahlen«, »neue Vertriebskanäle«, »Zusammenarbeit mit Produktmanagern« und »Kundenbedürfnisse« werden Personalverantwortliche beeindrucken: Wer in so kurzer Zeit seine Erfahrungen prägnant vermitteln kann, wird auch in der neuen Stelle überzeugen können. Suchen auch Sie die für Ihren Arbeitsbereich geeigneten Schlüsselbegriffe und Schlagworte heraus. Dazu können Sie in Ihre Arbeitszeugnisse schauen, Stellenanzeigen auswerten sowie Arbeitsverträge oder interne Arbeitsplatzbeschreibungen zur Hand nehmen.

Das sollten Sie sich merken:
Verwenden Sie die vorgestellten Überzeugungsregeln bei der Ausarbeitung und Verbesserung Ihrer Selbstpräsentation. Präsentieren Sie Ihr Können so, dass Personalverantwortliche nachvollziehen können, was das Besondere an Ihnen ist.

Damit Sie bei der Ausarbeitung Ihrer Selbstpräsentation nicht auf sich allein gestellt sind, geben wir Ihnen nun mehrere Beispiele für gelungene Selbstdarstellungen im Vorstellungsgespräch. In unserem ersten Beispiel hat sich der berufserfahrene Bewerber Holger Reuß auf die Stelle eines Vertriebsassistenten beworben. Im zweiten Beispiel präsentiert sich die Bürokauffrau Nicole Mazorwka, die ihre Stelle bei einer Zeitarbeitsfirma verlassen möchte. Den Abschluss bildet Beispiel Nummer drei, die Selbstpräsentation von Jürgen Grünert, der sowohl als Angestellter, aber auch als Selbstständiger gearbeitet hat.

Alle drei Selbstpräsentationen enthalten gute Einstellungsargumente und eine plausible Darstellung des bisherigen Werdegangs. Die beiden Bewerber und die Bewerberin liefern von sich aus Einstellungsargumente, die die Entscheider auf der Firmenseite positiv aufhorchen lassen. Die Selbstpräsentationen laden geradezu dazu ein, Anschlussfragen zu stellen. So entsteht der gewünschte Dialog in Vorstellungsgesprächen, der zum Einstellungsziel führt. Doch urteilen Sie selbst:

Selbstpräsentation Holger Reuß

»Gerne stelle ich mich Ihnen kurz vor. Mein Name ist Holger Reuß, ich bringe umfangreiche Berufserfahrung in den Bereichen Verkauf und Service mit. Die kundengerechte Bedarfs- und Problemanalyse ist mir aus der Großkundenbetreuung bekannt, und ich konnte Projekterfahrung bei der Umstrukturierung des Kundenservice sammeln. Seit drei Jahren bin ich bei der Firma Media Solutions tätig. Nach meinem Einstieg im Verkaufsinnendienst und den damit verbundenen Aufgaben Verkaufsförderung, Spesenabrechnung und telefonische Kundenberatung wechselte ich in die Großkundenbetreuung. Als Assistent des Key-Account-Managers ist meine Aufgabe jetzt die Sortimentsanalyse, die Initiierung von Werbekampagnen und die Erstellung von Informationsmaterial. Neben meinen Hauptaufgaben habe ich die Neustrukturierung des Kundendienstes übernommen. Zusammen mit einem Projektteam habe ich eine Servicehotline installiert und den technischen Support rund um die Uhr verfügbar gemacht. Im Bereich Projektmanagement habe ich mich weitergebildet. Daher hat mich auch die in der Stellenanzeige angesprochene Arbeit in Projektteams besonders angesprochen.«

Selbstpräsentation Nicole Mazorwka

»Damit Sie sich ein besseres Bild von mir machen können, stelle ich Ihnen kurz meinen Werdegang dar. Momentan arbeite ich für die Zeitvermittlungs-GmbH. Ich wurde bei Kunden sowohl als Teamassistentin als auch als Sekretärin eingesetzt. Ich bin erfahren in allgemeinen Bürotätigkeiten wie beispielsweise Schriftverkehr per Post und E-Mail, Terminverwaltung oder organisatorischen Aufgaben. Aber auch spezielle Aufgaben wie die Erstellung von Präsentationen, Spesenabrechnungen und die Planung von Messeauftritten sind mir vertraut. Am Telefon bin ich sicher im Umgang mit englischsprachigen Kunden, da ich bei der Spedition Schmidt GmbH europaweit Lieferaufträge mit organisiert habe. Gerne würde ich meine beruflichen Erfahrungen künftig für Sie als Teamassistentin einsetzen.«

Selbstpräsentation Jürgen Grünert

»Noch einmal vielen Dank für die Einladung zum Gespräch. Kurz zu meiner beruflichen Entwicklung: Während meiner Tätigkeit als Tischler für die Holz GmbH konnte ich bereits umfassende Erfahrungen im Messebau sammeln. So haben wir spezielle Messestände für Reiseanbieter, Industriekunden und öffentliche Verbände konzipiert und montiert. Die Vorgaben unserer Kunden nach innovativen, kostengünstigen und termingerechten Lösungen konnten wir dabei immer erfüllen. Grundlage meiner beruflichen Erfahrungen ist meine abgeschlossene Ausbildung zum Tischler, die ich einige Jahre später durch eine Fortbildung zum staatlich geprüften Holztechniker ergänzt habe. Ich habe in unterschiedlichen Branchen gearbeitet, um immer wieder neue Erfahrungen zu sammeln. Beispielsweise als selbstständiger Bauleiter bei der Sanierung von Fincas auf Teneriffa und als Tischler bei der Möbelhaus AG, wo ich für die Auslieferung und Montage von Einbauküchen verantwortlich war. Gerne würde ich meine umfassenden Erfahrungen künftig bei Ihnen als Tischler einbringen.«

Sie sehen an unseren Beispielen für gelungene Selbstpräsentationen, dass es am günstigsten ist, die beruflichen Erfahrungen in den Mittelpunkt zu stellen, die auch in der neuen Stelle verwertbar sind. Eine Nacherzählung des Lebensweges von der Schule über die Berufsausbildung hin zur Einstiegsposition und die sich daran anschließenden beruflichen Stationen hätte längst nicht die Überzeugungskraft, die diese passgenauen Selbstdarstellungen beinhalten. Hier werden unsere Vorgaben an Selbstpräsentationen mustergültig umgesetzt: Das individuelle Profil der Bewerber ist deutlich zu erkennen. Es wird von der neuen Stelle her argumentiert – und Informationen, die die Einstellungsentscheidung nicht weiter bringen, tauchen gar nicht erst auf.

Ihre beruflichen Stärken machen die Bewerber sehr gut mit der Beschreibung ihrer Kenntnisse und Erfahrungen deutlich. Die Entscheider auf der Firmenseite ordnen den Bewerbern Eigenschaften wie Teamfähigkeit, Organisationstalent, Kontaktstärke, unternehmerisches Denken und Belastbarkeit zu. Durch den sachlichen Stil vermeiden die Bewerber sowohl Selbstanklagen als auch den Vorwurf der Selbstherrlichkeit. Diese beschreibende Darstellung entspricht dem von der Firma gewünschten Gutachtenstil. Ihren Realitätssinn machen die Bewerber weiter durch die Verwendung zahlreicher Schlüsselbegriffe aus dem jeweiligen Tagesgeschäft deutlich. Alle Bewerber wissen, worauf es in ihrem Arbeitsbereich wirklich ankommt, und das macht sie für die Firmen interessant.

Wenn Sie einmal »live« erleben möchten, wie eine gelungene Selbstpräsentation klingt und wie sich Bewerber ihre Chancen mit einer misslungenen verbauen, sollten Sie unsere Homepage www.karriereakademie.de besuchen und sich dort Teil 3 unserer 15-teiligen Videoserie »Das Vorstellungsgespräch« anschauen, die wir für das Magazin *Focus* konzipiert haben.

Trainieren Sie, Ihre Selbstpräsentation aktiv ins Vorstellungsgespräch einzubringen. Die meisten Firmen erwarten heutzutage sogar, dass Sie eine aussagekräftige Selbstpräsentation vorbereitet haben. Idealerweise lassen Sie sich von Freund/in oder Partner/in eine der folgenden Fragen stellen, und antworten dann mit Ihrer Selbstpräsentation.

Fragen, um Ihre Selbstpräsentation einzusetzen

- **»Würden Sie Ihre berufliche Entwicklung bitte kurz skizzieren?«**
- **»Was reizt Sie an der neuen Stelle?«**
- **»Könnten Sie Ihren Werdegang bitte in einigen Sätzen zusammenfassen?«**

- → **»Welche Qualifikation bringen Sie mit?«**
- → **»Warum interessieren Sie sich für die ausgeschriebene Stelle?«**
- → **»Gibt es einen roten Faden in Ihrem Lebenslauf?«**
- → **»Warum haben Sie sich bei uns beworben?«**
- → **»Warum sind Sie heute hier?«**
- → **»Was unterscheidet Sie von anderen Bewerbern?«**
- → **»Warum sollten wir gerade Sie einstellen?«**

Damit Sie sich eine möglichst perfekte Selbstpräsentation erarbeiten können, haben wir eine Übersicht mit den wichtigsten Kriterien für Sie zusammengestellt. Überprüfen und optimieren Sie Ihre Selbstdarstellung so lange, bis alle Punkte erfüllt sind.

Checkliste für Ihre Selbstpräsentation

- → Ist in Ihrer Selbstpräsentation Ihr individuelles Profil klar zu erkennen?
- → Haben Sie Ihre Selbstpräsentation in einem beschreibenden Stil ausgearbeitet?
- → Verkaufen Sie sich in Ihrer Selbstpräsentation auch nicht unter Wert?
- → Haben Sie auf Übertreibungen verzichtet?
- → Haben Sie die für Ihr Berufsfeld wichtigen Schlüsselbegriffe herausgearbeitet?
- → Sind in Ihrer Selbstpräsentation genug Schlüsselbegriffe enthalten, um eine hohe Informationsdichte zu erreichen?

- → Ist Ihre Selbstpräsentation positiv ausgerichtet? Berichten Sie von Erfolgen und Stärken?
- → Haben Sie Probleme, Krisen und Schwierigkeiten ausgeklammert?
- → Verzichten Sie in Ihrer Selbstpräsentation auf Arbeitgeberschelte, Kollegenrüffelei und Vorgesetztenkritik?
- → Enthält Ihre Selbstpräsentation genügend Beispiele?
- → Sind die Beispiele allgemeinverständlich?
- → Ist Ihre Selbstpräsentation frei von Fachchinesisch?
- → Haben Sie Ihre Selbstpräsentation passgenau auf die speziellen Wünsche der umworbenen Firma zugeschnitten?
- → Haben Sie geübt, Ihre Selbstpräsentation in ein Gespräch einzubringen?

4. Eine zentrale Frage: Ihr Wechselgrund

Die Frage »Warum wollen Sie die Stelle wechseln?« wird in Vorstellungsgesprächen oft direkt ausgesprochen – stillschweigend steht sie immer im Raum. Personalverantwortliche möchten nun einmal wissen, was die Beweggründe für Ihre Bewerbung sind. Sie sollten bei der Beantwortung aber nicht mit der Tür ins Haus fallen.

Es gibt zweifellos Vorgesetzte, die einem die Freude an der Arbeit verleiden können. Manchmal herrscht auch so viel Unruhe in der Firma, dass man es nicht schafft, gute Arbeit abzuliefern. Und auch die drohende Insolvenz ist aus unserer Sicht ein wirklich guter Grund, sich rechtzeitig neu zu orientieren. Problematisch ist aber, dass nicht alle tatsächlichen Gründe für einen angestrebten Firmenwechsel auch vorbehaltlos von Personalverantwortlichen akzeptiert werden.

Es gilt also, taktisch vorzugehen und den Wechselgrund richtig zu verpacken. Nicht umsonst ist die Ausarbeitung einer »passenden« Antwort auf die Frage nach dem Wechsel ein wesentlicher Bestandteil unserer Beratungsarbeit. Wenn wir Bewerber auf Vorstellungsgespräche vorbereiten, achten wir darauf, dass sie Wechselgründe angeben, die von Personalverantwortlichen »abgenickt« werden können. Sie vermeiden es auf diese Weise auch, dass sie zu tief in negative Gefühle eintauchen. So sollte beispielsweise ein handfester Krach mit dem Vorgesetzten nicht Eingang ins Vorstellungsgespräch finden. Es könnte nämlich passieren, dass der Bewerber seine bisher souveräne Linie verlässt, um seinem Ärger endlich einmal Luft zu machen.

Vorsicht Falle!
Personalverantwortliche finden Ihre Gründe für einen Firmenwechsel nicht immer so plausibel wie Sie. Wenn Sie die ehemalige Firma zu negativ darstellen, wird das schnell als mangelnde Loyalität Ihrerseits ausgelegt!

Spekulationen vermeiden

Gerade das Bedürfnis, mit dem momentanen oder früheren Arbeitgeber abzurechnen, stört Personalverantwortliche stark. Sie vermuten dann, dass sie einen Bewerber vor sich haben, der nicht loyal ist. Redet ein Bewerber negativ über die Firmen, bei denen er beschäftigt war, wird der Personalentscheider vermuten, dass bei einem erneuten Stellenwechsel die eigene Firma schlecht wegkommt.

Sie sehen schon an dieser Stelle, dass es gefährlich ist, Wechselgründe anzuschneiden, die zu Spekulationen Anlass geben – leider ist dies bei allen emotionalen Themen der Fall. Problemschilderungen, Krisenbeschreibungen und Anklagen haben deshalb keinen Platz im Vorstellungsgespräch. Kocht die (Bewerber-)Seele bei der Erinnerung an unangenehme Szenen erst einmal vor Wut, entgleitet regelmäßig das Gespräch, und die sachlichen Argumente gehen unter.

Ein weiteres Problem dieser anklagenden Argumentation ist, dass Personalverantwortliche in eine Verteidigerrolle gedrängt werden. Es ist ein Phänomen in Gesprächen, das Sie sicherlich auch kennen: Wenn jemand etwas Schlechtes über gemeinsame Bekannte sagt, werden Sie fast automatisch Partei für die abwesenden Beschuldigten ergreifen – insbesondere dann, wenn Sie sich ihnen verbunden fühlen.

So ist es auch in Vorstellungsgesprächen: Beklagen Sie sich bei Personalverantwortlichen über Unrecht, das Ihnen in anderen Firmen geschehen ist, wird Ihr Gesprächspartner überlegen, ob Sie nicht selbst schuld an der verfahrenen Situation gewesen sind.

Emotionen kochen hoch

Das sagen Bewerber:		**Das denken Personalverantwortliche:**
»Mein Chef war inkompetent.«	→	»Da hatte er ja genau den richtigen Mitarbeiter.«
»Meine Kollegen waren alle faul und desinteressiert.«	→	»Und Sie haben sich dem Niveau angepasst.«
»Der Geschäftsführer hatte seine persönlichen Lieblinge, die mich blockiert haben.«	→	»Sie sind wohl nicht durchsetzungsfähig.«
»In der Firma ging es drunter und drüber.«	→	»Sie können wohl nur mit ganz klaren Anweisungen leben.«
»Das Management hat versagt.«	→	»Und Sie haben sich notwendigen Veränderungen verweigert.«
»Man hat mich kaltgestellt.«	→	»Dafür gab es wohl Gründe.«

Um es noch einmal klarzustellen: Wir stimmen so manchem Bewerber zu, der tatsächlich schlecht an seinem Arbeitsplatz behandelt worden ist. Wenn sich die Situation wirklich nicht auflösen lässt, sind wir die Ersten, die solchen Bewerbern einen Wechsel der Firma nahe legen. Es ist aber gefährlich, im Vorstellungsgespräch mit diesen schlechten Erfahrungen zu argumentieren. Der Stressfaktor ist ohnehin groß genug, sodass man selbst verursachte Zusatzbelastungen tunlichst vermeiden sollte. Glücklicherweise gibt es geeignete Strategien, um Personalverantwortlichen die Gründe für einen Stellenwechsel nahe zu bringen: Lösen Sie sich von der Vergangenheit und richten Sie den Blick in die Zukunft.

Richten Sie den Blick in die Zukunft

Wichtig ist zunächst die richtige mentale Einstellung. Akzeptieren Sie, dass Außenstehende weder Zeit noch Lust haben, jedes einzelne Detail zu erfahren, das zur endgültigen Trennung zwischen Ihnen und Ihrem Arbeitgeber geführt hat. Grundsätzlich sollten Sie also darauf hinarbeiten, die Frage nach dem Wechselgrund eher knapp und sachlich abzuhandeln.

Um sich von hochkochenden Emotionen gar nicht erst einfangen zu lassen, hilft es, das Tal der Tränen zu verlassen und den Blick wieder nach vorne zu richten. Anstatt zu sagen, was Ihnen bei dem alten Job nicht gefallen hat, sollten Sie die Wechselgründe vielmehr bei der neuen Stelle suchen: Argumentieren Sie mit den Aufgaben, die Ihnen bei der neuen Stelle besonders zusagen, und nicht mit denjenigen, die Ihnen vorher nicht gefallen haben. Greifen Sie beispielsweise einzelne Aufgaben auf, die in der neuen Stelle wichtig sind, und liefern Sie Beispiele dafür, dass Sie sie in den Griff bekommen werden.

Das sollten Sie sich merken:
Für Personalprofis steht bei der Überprüfung Ihres Wechselwunsches im Vordergrund, ob Sie sich im Bewusstsein Ihrer Stärken für eine neue Herausforderung entschieden haben oder ob Sie vor Problemen davonlaufen.

Personalverantwortliche wollen erfahren, ob Sie einer der so genannten Jobhopper sind, die immer wieder vorschnell die Flinte ins Korn werfen. Denn wer möchte sich schon einen Mitarbeiter in die Firma holen, der bei kleinster Kritik vor Wut an die Decke geht oder sich tagelang schmollend ins Schneckenhaus zurückzieht, wenn er sich vom Chef oder von den Kollegen ungerecht behandelt fühlt?

Machen Sie sich die Perspektive zu Eigen, dass es die neuen Aufgaben sind, die Sie zur Firma ziehen. Lösen Sie sich von der Idee, Probleme am alten Arbeitsplatz im Vorstellungsgespräch aufarbeiten zu müssen, und gewöhnen Sie sich vielmehr an, Ihre bisherigen Arbeitsverhältnisse als grundsätzlich zufrieden stellend zu beurteilen. Wenn Sie nämlich an allem und jedem etwas auszusetzen haben, wird man eher ins Grübeln kommen, ob Sie zu problemorientiert sind. Die Firmen suchen aber Mitarbeiter, die Probleme lösen, und nicht solche, die neue schaffen. Damit Sie im Ernstfall nicht mühsam nach Worten ringen müssen, haben wir Ihnen einige Argumentationslinien zusammengestellt. Lassen Sie sich von unseren Beispielen anregen, um eine zukunftsorientierte und individuelle Begründung Ihres Wechselwunsches zu entwickeln.

Glaubwürdige Wechselgründe

Das sagen Bewerber:		Das denken Personalverantwortliche:
»Ich möchte wechseln, um bei Ihnen meine erfolgreiche Arbeit im Außendienst fortzusetzen.«	→	»Tatkräftige Mitarbeiter können wir immer gebrauchen.«
»Bei einem Wechsel kann ich meine Branchenkenntnisse im Elektrogroßhandel für Sie verwertbar machen.«	→	»Der Bewerber kennt die besondere Situation unserer Kunden.«
»Ich möchte mehr Sonderaufgaben neben meinen eigentlichen Aufgaben übernehmen.«	→	»Die Leistungsbereitschaft des Bewerbers ist groß.«
»Meine Erfahrungen in der Projektarbeit möchte ich bei Ihnen weiter vertiefen.«	→	»Der Bewerber weiß, dass ihm Teamarbeit liegt.«
»In meiner Weiterbildung zur Qualitätsbeauftragten habe ich Kenntnisse erworben, die ich jetzt bei Ihnen einsetzen möchte.	→	»Diese Bewerberin hat die richtigen Weichenstellungen vorgenommen und ist lernbereit.«

Nun sind Sie am Zug: Überlegen Sie sich drei eigene Argumente, um Ihren Wechselwunsch zu begründen. Argumentieren Sie dabei von der neuen Stelle her.

5. Werden Sie sich Ihrer Stärken und Schwächen bewusst

Manche Personalverantwortliche lehnen Fragen nach Stärken und Schwächen der Bewerber grundsätzlich ab, weil sich doch heutzutage jeder auf diese Fragen vorbereitet habe. Für andere, und das ist unserer Erfahrung nach immer noch die Mehrzahl, gehören die Fragen nach Stärken und Schwächen weiterhin zum Standardprogramm im Vorstellungsgespräch.

Für Personalverantwortliche ist es sehr wichtig, herauszufinden, ob sich ein Bewerber mit sich selbst und seinen bisherigen Erfahrungen auseinander gesetzt hat. Der viel beschworene sozial kompetente Mitarbeiter muss sowohl seine Vorzüge kennen als auch seine Grenzen im Blick haben. Daher gehören auch die Fragen nach den Stärken und Schwächen zum großen Persönlichkeits-Test im Vorstellungsgespräch. Der Vorteil für Sie als Bewerber bei dieser Fragengruppe ist, dass Sie sich gut darauf vorbereiten können.

Glaubwürdige Stärken

Bei der Darstellung der eigenen Stärken geht es den Personalverantwortlichen vorwiegend um die Glaubwürdigkeit: Die vom Bewerber dargelegten Stärken müssen zum Profil und zu den anderen von ihm geäußerten Einstellungsargumenten passen – sonst schießt der Kandidat ein Eigentor. Auswendig gelernte Floskeln helfen deshalb bei der Darstellung der eigenen Stärken nicht weiter. Es wirkt im besten Falle unfreiwillig komisch, wenn ein Sachbearbeiter aus der Buchhaltung auf die Frage nach seinen Stärken antwortet: »Ich liebe das kreative Arbeiten, suche stets die neue Herausforderung und stelle mich gerne dem permanenten Wandel in der globalisierten Arbeitswelt.«

Leider bevorzugen viel zu viele Bewerber die Aufzählung von Schlagworten aus dem Bereich der persönlichen Fähigkeiten, wenn sie nach ihren Stärken gefragt werden. Das muss nicht immer so überzogen sein wie in unserem obigen Beispiel. Personalverantwortliche fassen sich aber dennoch des Öfteren an den Kopf, wenn sie sich anhören müssen, über welche Stärken Bewerber angeblich verfügen. Antworten wie »Ich bin motiviert, dynamisch und leistungsbereit« oder »Zu meinen herausragenden Stärken zähle ich Durchsetzungskraft und Einfühlungsvermögen« überzeugen nicht.

Wie bei allen Aussagen zu den persönlichen Fähigkeiten müssen Sie mit Beispielen arbeiten, da sonst keine Glaubwürdigkeit entstehen kann. Es ist also besser, die eigenen Vorzüge anhand von Beispielen zu beschreiben, als sie im Telegrammstil herunterzuleiern.

Wie gelingt Ihnen nun eine überzeugende Darstellung Ihrer Stärken? Überlegen Sie sich zunächst für sich selbst, was Sie besonders gut können und was Ihnen liegt: Welche Eigenschaften haben Ihnen schon einmal in Ihrer Berufsausübung geholfen? Wann hat etwas besonders gut geklappt? Wenn Sie so vorgehen, finden Sie nicht nur Zugang zu Ihren Stärken, sondern finden auch gleichzeitig Beispiele, mit denen Sie Ihre Stärken belegen können.

In der folgenden Übersicht »Stärken überzeugend beschreiben« haben wir exemplarisch einige Stärken aufgeführt und mit Beispielen untermauert, um die Glaubwürdigkeit zu erhöhen. Lassen Sie sich inspirieren!

Stärken überzeugend beschreiben

→ »Ich kann andere gut motivieren. So habe ich beispielsweise dafür gesorgt, dass der Kundenservice während einer Softwareumstellung reibungslos weiterlief. Die Kollegen haben sich überzeugen lassen, und gemeinsam haben wir es hinbekommen.«

→ »Zu meinen Stärken gehört meine strukturierte Arbeitsweise. Die Positionierung eines neuen Produktes auf dem Markt habe ich durch sorgfältige Marktanalysen vorbereitet und die Ergebnisse mit Kundenbefragungen abgesichert.«

→ »Ich bin belastbar. Auch momentan bewältige ich ein umfangreiches Aufgabengebiet in der Produktionssteuerung, das einen sehr hohen persönlichen und zeitlichen Einsatz von mir erfordert.«

→ »Zu meinen herausragenden Eigenschaften zählt für mich meine Problemlösungskompetenz. Ich bin in meiner Firma immer einer der ersten, der angesprochen wird, wenn es etwas zu optimieren gibt. Besonders stolz bin ich auf die drastische Reduzierung der Ausschussquote der Baugruppenmontage.«

→ »Zu meinen Stärken gehört, dass ich unterschiedliche Interessen in Ausgleich bringen kann. So habe ich mehr als einmal dafür gesorgt, dass sich Vertreter einzelner Abteilungen zu einer Besprechung zusammengefunden haben, um Missverständnisse auszuräumen.«

Nutzen Sie unsere Beispiele als Anregung, um Zugang zu Ihren individuellen Stärken zu finden. Auch Personalverantwortliche lesen regelmäßig Bewerberliteratur, und daher ist es nicht damit getan, einfach die ersten drei hier aufgeführten Stärken auswendig zu lernen und im Vorstellungsgespräch herunterzuleiern. Sie müssen darauf achten, dass Sie die Stärken in den Vordergrund stellen, die auch in der Stellenanzeige gefragt sind – sonst reden Sie am Personalverantwortlichen vorbei. Um gut gerüstet für das Vorstellungsgespräch zu sein, sollten Sie mindestens drei individuelle Stärken auf Lager haben und diese mit Beispielen belegen können.

Unproblematische Schwächen

Bei der Frage nach Schwächen wird keinesfalls erwartet, dass Sie sich in Ihrer Antwort zerknirscht geben und schonungslos mit sich selbst abrechnen. Es soll vielmehr Ihre Fähigkeit zur Selbstreflexion getestet werden. Bewerber, die von sich behaupten, dass sie keine Schwächen haben und alles können, wirken unglaubwürdig. Um gut arbeiten zu können, sollte man auch seine Grenzen kennen. Es bringt nichts, wenn Mitarbeiter an Aufgaben verzweifeln, statt rechtzeitig Unterstützung einzufordern. Daher wird erwartet, dass Sie sich nicht nur mit Ihren Stärken, sondern auch mit Ihren Schwächen auseinander gesetzt haben.

Das sollten Sie sich merken:
Genau wie bei den Stärken müssen Sie auch bei der Frage nach den Schwächen diese ernsthaft und glaubwürdig präsentieren. Der Personalverantwortliche möchte schließlich Ihre Qualifikationen und nicht Ihren Humor testen.

Witzig gemeinte Antworten wie »Ich esse manchmal ein Stück Torte zu viel« oder »Meine Schwäche ist, dass ich abends nicht immer Zähne putze« bringen Personalprofis nicht wirklich zum Schmunzeln. Im Gegenteil, der Personalverantwortliche fühlt sich wahrscheinlich auf den Arm genommen und wird seinen Gesprächsstil verschärfen.

Ist Ihr Gegenüber erst einmal verärgert, wird er nachsetzen und weiter nach Ihren Schwächen bohren. Beispielsweise so: »Ich hoffe, dass Sie Ihre beruflichen Aufgaben ernster nehmen als meine Fragen! Wie steht es denn nun wirklich mit Ihren Defiziten?« Es kann aber auch sein, dass der Personalverantwortliche gleich den Finger in die Wunde legt und Ihnen negative Bewertungen in Arbeitszeugnissen, schlechte Noten während der Ausbildung, häufige Arbeitgeberwechsel, zu kurze Verweildauer bei einer Firma oder eine mangelhafte Weiterbildungsbereitschaft unter die Nase reibt.

Damit Sie eine überflüssige Kampfstimmung gar nicht erst aufkommen lassen, sollten Sie also ein bis zwei Schwächen parat haben, die Sie dann auch möglichst geschickt darstellen müssen. Generell sollten Sie natürlich möglichst unschädliche Bereiche ansprechen: Alles, was in der Stellenanzeige von Ihnen verlangt wird, ist tabu! Eine Versicherungskauffrau darf keinesfalls sagen: »Zu meinen Schwächen gehört, dass ich Angst vor Kundengesprächen habe.« Sie sollten daher nichts als Schwäche angeben, was Sie direkt an Ihrer Berufsausübung hindert.

Mit der richtigen Form der Darstellung können Sie die Klippen der Schwächen taktisch klug umfahren. Gehen Sie in drei Schritten vor:

1. Relativieren Sie Ihre Schwäche, indem Sie Ausdrücke wie »ab und zu«, »manchmal«, »es kommt vor« oder »gelegentlich« verwenden.

2. **Geben Sie beispielhaft eine Situation an, in der Ihre Schwäche aufgetreten ist.**
3. **Erläutern Sie, was Sie getan haben, um die Schwäche in den Griff zu bekommen.**

Üben Sie vor Gesprächen mit Personalverantwortlichen die von uns empfohlene Gesprächstaktik ein – dann wird auch der Personalprofi zufrieden sein. Er kann erkennen, dass Sie grundsätzlich kritikfähig und sich Ihrer Grenzen in bestimmten Situationen bewusst sind. Der Fragenblock zu den Schwächen ist dann schnell abgehakt und bohrendes Nachfragen lässt sich so vermeiden. Wie die Darstellung der eigenen Schwächen in der Praxis aussehen könnte, zeigen wir Ihnen in der Übersicht »Schwächen im Griff«.

Schwächen im Griff

→ »Ich bin manchmal etwas zu direkt. Da ich Offenheit schätze, habe ich den einen oder anderen Kollegen sicherlich schon einmal unabsichtlich vor den Kopf gestoßen. Statt dies dann erst im Nachhinein wieder aufzufangen, bemühe ich mich jetzt mehr um diplomatisches Vorgehen und warte auf den richtigen Zeitpunkt, um Kritik zu äußern.«

→ »Es kommt vor, dass ich zurückhaltend wirke. Wenn ich zum Beispiel konzentriert eine Aufgabe durchdenke, fällt es mir schwer, gleich in eine Diskussion einzusteigen. Ich weiß aber, dass es manchmal unumgänglich ist, schnell Position zu beziehen. Durch die Sicherheit, die ich während meiner Berufsausübung erworben habe, gelingt mir dies mittlerweile auch schon sehr viel leichter als früher.«

- »Es fällt mir in manchen Situationen auf, dass auch ich dazu neige, zu wenig zu loben. Eigentlich finde ich es schade, dass mir Lob nicht lockerer von den Lippen geht. Allerdings habe ich auch gemerkt, dass man Lob genauso gezielt einsetzen muss wie Kritik.«

Manche Personalverantwortliche fragen den Bewerber nicht nach einer Schwäche, sondern wollen ihm gleich mehrere Schwächen, beispielsweise die drei schlimmsten, entlocken. Auch wenn Sie drei Schwächen vorbereitet haben, sollten Sie erst einmal nur eine nennen – und erst auf Nachfrage eine weitere Schwäche thematisieren.

Vorsicht Falle!
Fangen Sie nicht ohne Not an »auszupacken«. Wenn Sie direkt Ihre drei größten Schwächen aufdecken, disqualifizieren Sie sich schneller, als Ihnen lieb ist!

Bleiben Sie der grundsätzlichen Linie treu, Ihre Stärken in den Vordergrund zu stellen, und helfen Sie dem Personalverantwortlichen, sich ein positives Bild von Ihnen zu machen.

6. Formulierungshilfen für kleine Brüche im Lebenslauf

Wenn Sie zu einem Vorstellungsgespräch eingeladen werden, hat die Firma grundsätzlich den Eindruck gewonnen, dass Sie der oder die Richtige für die Stelle sein könnten. Dieses prinzipielle Wohlwollen bedeutet aber noch lange nicht, dass Ihnen nicht auch Fragen zu kritischen Abschnitten in Ihrem Werdegang gestellt werden könnten.

Sie wissen ja bereits, dass Vorstellungsgespräche auf gar keinen Fall Selbstläufer sind. Wer sich also im Gespräch nicht gut verkaufen kann, hat auch keine Chance auf einen neuen Arbeitsvertrag. Ein Aspekt des Sich-Verkaufens ist es, dass Sie Auffälligkeiten, Unstimmigkeiten und eventuelle Brüche in Ihrer beruflichen Entwicklung erklären können müssen. Wie Ihnen das souverän gelingt, erklären wir Ihnen in diesem Kapitel.

Auffälligkeiten im Blick

Personalentscheider lesen sich die Unterlagen der Bewerber vor einem Vorstellungsgespräch genau durch und überlegen, wo es sich lohnen könnte, einmal genauer nachzuhaken.

Das sollten Sie sich merken:
Überlegen Sie doch einmal selbst, wo es in Ihrem Lebenslauf Auffälligkeiten gibt, auf die man Sie womöglich ansprechen wird – und bereiten Sie sich so auf die unangenehmen Fragen der Personalprofis vor.

Wenn wir die Bewerbungsmappen unserer Beratungsteilnehmer auswerten, um Vorstellungsgespräche zu trainieren, finden wir immer wieder sehr schnell die entsprechenden Punkte, mit denen untrainierte Bewerber aus dem Tritt gebracht werden können. Die einen haben Probleme damit, schlechte Bewertungen in Arbeitszeugnissen zu rechtfertigen, die anderen geraten in Erklärungsnot, weil sie in zwei Jahren bei drei Arbeitgebern tätig waren. Manche sind in einen ganz anderen Beruf umgestiegen, andere waren eine Zeit lang arbeitslos.

Dabei sind diese Aspekte nicht ungewöhnlich: Viele Bewerberbiografien verlaufen mittlerweile im Zickzack-Kurs. Berufliche Neuorientierungen, schnelle Arbeitgeberwechsel und Auszeiten werden immer häufiger. Personalprofis haben damit, entgegen der landläufigen Meinung, auch gar nicht so große Probleme. Problematisch wird es nur für Bewerber, die den Kopf in den Sand stecken und nicht zu ihrem beruflichen Lebensweg stehen.

Seien Sie deshalb gewappnet: Beschäftigen Sie sich vor einem Vorstellungsgespräch mit möglichen Brüchen in Ihrem Lebenslauf. Mit etwas Übung werden Sie dann auch auf kritische Nachfragen gelassen reagieren können.

Knackpunkte erläutern

Gerade bei den Fragen nach Brüchen im Lebenslauf kommt es ganz stark darauf an, wie Sie sie darstellen. Sie müssen problematische Dinge nicht wegreden, denn das wäre die falsche Strategie. Im (Berufs-)Leben herrscht schließlich nicht immer eitel Sonnenschein: Höhen und Tiefen wechseln sich ab. Wichtig ist aber, dass der Personalverantwortliche erkennt, dass Sie sich auch mit den jeweiligen Tiefen auseinander gesetzt haben.

Vorsicht Falle!
Achten Sie darauf, dass Sie sich bei schwierigen Fragen nach Ihrer Vergangenheit nicht von Ihren Gefühlen übermannen lassen und so Ihre Souveränität verlieren!

Es ist natürlich so, dass die Erinnerung an schwierige Zeiten schnell Gefühle hochkommen lässt – Sie dürfen sich im Vorstellungsgespräch aber nicht ungebremst Ihren Emotionen hingeben. Lassen Sie durchblicken, dass Sie im Großen und Ganzen mit Ihrer beruflichen Entwicklung zufrieden sind, auch wenn Sie sich einige Übergänge glatter gewünscht hätten. Machen Sie deutlich, dass Sie sich nicht so leicht aus der Bahn werfen lassen und Ihre beruflichen Ziele nicht aus den Augen verlieren.

Damit Sie Brüche im Lebenslauf gut verkaufen können, geben wir Ihnen nun Argumentationshilfen. Lassen Sie sich erläutern, wie Sie folgende Klippen souverän umschiffen können:

→ **Beruflicher Umstieg**
→ **Ausbildungs- oder Studienabbruch**
→ **Arbeitslosigkeit**
→ **Häufige Arbeitgeberwechsel**
→ **45-plus-Bewerber**

→ **Wiedereinstieg nach der Kinderpause**
→ **Auffallende Bewertungen im Arbeitszeugnis**

Beruflicher Umstieg

Hintergrund: Eine berufliche Neuorientierung weckt bei Personalverantwortlichen immer Neugier. Sie möchten herausfinden, ob sich Bewerber jahrelang im falschen Beruf gequält haben, was nicht gerade für ihre Problemlösungsfähigkeit sprechen würde. Und sie möchten wissen, ob die Entscheidung für den neuen Beruf besser überlegt und vorbereitet war.

Antwort-Strategie: Machen Sie plausibel, dass Sie Ihren Wechsel gut überdacht haben. Arbeiten Sie entweder Berührungspunkte des alten Berufs mit dem neuen heraus, oder betonen Sie, dass Sie sich in bestimmte Aufgaben hineinentwickeln möchten, die in der alten Tätigkeit unterrepräsentiert waren.

Typische Frage: »Glauben Sie, dass Sie überhaupt als neuer Mitarbeiter im Personalbereich akzeptiert werden, wo Sie doch jahrelang nur in der Buchhaltung gearbeitet haben?«

Überzeugende Antwort: »Auch in der Buchhaltung war ich mit der Personalverwaltung befasst. Ich habe Gehaltsabrechnungen erstellt, die Spesenabrechnungen überprüft und an der Urlaubsplanung mitgewirkt. Aus diesen Berührungspunkten heraus ist bei mir auch der Wunsch entstanden, meine Kenntnisse im Personalbereich zu vertiefen. Zu diesem Zweck habe ich eine Fortbildung zum Personalkaufmann gemacht. In den Projekten, die ich bereits im Bereich Personalentwicklung gemacht habe, wurde ich akzeptiert und konnte vertrauensvoll mit den anderen Fachbereichen zusammenarbeiten.«

Fragen, die in die gleiche Richtung zielen:

- »Erst haben Sie eine technische Ausbildung absolviert, dann mehrere Jahre in der Produktion gearbeitet. Der Wechsel ins Marketing passt doch überhaupt nicht, oder?«
- »Hätten Sie nicht wissen können, dass Ihre berufliche Bestimmung im Vertrieb liegt und nicht in der Verwaltung?«
- »Sie sind doch eigentlich ausgebildeter Bürokaufmann, warum haben Sie eigentlich nach zehn Berufsjahren die Fortbildung zum Netzwerk-Administrator aufgenommen?«

Ausbildungs- oder Studienabbruch

Hintergrund: Woran es gelegen hat, dass ein Bewerber eine Ausbildung oder ein Studium nicht beendet hat, ist für Personalverantwortliche ganz besonders in Bezug auf die Soft Skills interessant. Hat der Kandidat vorschnell die Flinte ins Korn geworfen? Läuft er vor Problemen davon? Kann er nicht selbstständig arbeiten?

Antwort-Strategie: Der Vorteil bei Fragen zu diesem Thema ist, dass der Abbruch meist schon länger zurückliegt und die Bewerber mittlerweile eine andere Qualifikation erworben haben. Betonen Sie, dass die Entscheidung für die zweite Ausbildung oder das andere Studium besser vorbereitet war.

Typische Frage: »Warum haben Sie damals Ihre erste Ausbildung abgebrochen?«

Überzeugende Antwort: »Die Ausbildung zur Einzelhandelskauffrau habe ich begonnen, weil ich Freunde hatte, die das

Gleiche machen wollten. Damals habe ich zu wenig auf meine eigenen Wünsche geachtet. Ich habe die Entscheidung zum Abbruch mit meinem Ausbildungsbetrieb besprochen und bin dann zum nächstmöglichen Zeitpunkt in eine Ausbildung zur Speditionskauffrau gewechselt, die ich auch erfolgreich abgeschlossen habe.«

Fragen, die in die gleiche Richtung zielen:

- »Sie haben Ihr Studium nach drei Semestern abgebrochen und eine Ausbildung aufgenommen. Waren Sie überfordert?«
- »Hätten Sie Ihre Ausbildung nicht durchhalten müssen?«
- »Sie haben Ihr Studium der Elektrotechnik an einer Technischen Universität aufgenommen und sind dann zur Fachhochschule gewechselt. War das nicht ein Abstieg?«

Arbeitslosigkeit

Hintergrund: Das Problem, eine Zeit lang ohne Job zu sein, trifft heute vermehrt auch qualifizierte Mitarbeiter. Für Personalverantwortliche ist interessant, ob ein Bewerber sich hängen lässt, wenn er die Stelle verliert, oder ob er aktiv bleibt – um so Rückschlüsse auf den Charakter des Bewerbers zu ziehen.

Antwort-Strategie: Da den Personalverantwortlichen das Engagement von Bewerbern ganz besonders wichtig ist, sollten Sie Ihren Einsatz auch deutlich machen. Thematisieren Sie das, was Sie gemacht haben, um beruflich wieder Fuß zu fassen: Das können Weiterbildungsmaßnahmen, Fortbildungen oder gezielte Bewerbungsaktivitäten sein.

Typische Frage: »Sie sind schon seit sechs Monaten arbeitslos. Woran liegt es denn?«

Überzeugende Antwort: »Die Insolvenz meines Arbeitgebers kam für mich völlig überraschend. Ich wollte dann auch nicht den erstbesten Job annehmen, sondern eine Stelle finden, in die ich meine Erfahrungen voll einbringen kann. Parallel zu meinen Bewerbungsaktivitäten habe ich die Zeit auch genutzt, um meine PowerPoint- und Excel-Kenntnisse mithilfe von PC-Kursen auf den neuesten Stand zu bringen.«

Fragen, die in die gleiche Richtung zielen:
- »Würden Sie sich überhaupt noch selbst einstellen?«
- »Was machen Sie, wenn Sie die Stelle nicht bekommen?«
- »Hätten Sie nicht schneller wieder den beruflichen Einstieg vornehmen können?«

Häufige Arbeitgeberwechsel

Hintergrund: Wie steht es mit der Anpassungsfähigkeit des Bewerbers? Wenn Ihrem Lebenslauf zu entnehmen ist, dass Sie Arbeitgeber häufig gewechselt haben, wird sich ein Personalverantwortlicher die Frage nach den Gründen dafür stellen.

Antwort-Strategie: Viele Bewerber vergessen schlichtweg, dass es oft nicht an ihnen gelegen hat, dass ein Arbeitsverhältnis beendet werden musste. Erwähnen Sie deshalb Insolvenzen, Umstrukturierungen und betriebsbedingte Kündigungen, falls es diese gab. Falls Sie einfach nicht am Arbeitsplatz zurechtgekommen sind, sollten Sie trotzdem vorrangig positive Aussagen machen. Beschreiben Sie, was gut geklappt hat, und richten Sie den Blick konsequent nach vorne.

Typische Frage: »Warum haben Sie so häufig Ihre Arbeitgeber gewechselt?«

Überzeugende Antwort: »Es gab zwei Arbeitsverhältnisse, die kürzer waren als von mir gewünscht. In dem einen Fall wurde der Firmenbereich, in dem ich tätig war, durch eine Umstrukturierung abgeschafft, und es gab keine Möglichkeit für mich, eine andere Arbeit in der Firma zu übernehmen. In dem zweiten Fall war schlichtweg der Sozialplan gegen mich. Die Firma kam in wirtschaftliche Schwierigkeiten, und man musste mir betriebsbedingt kündigen. Mein damaliger Vorgesetzter hat das sehr bedauert. Im Nachhinein kann ich sagen, dass die Erfahrung, mich mehrmals in kurzer Zeit einarbeiten zu müssen, mir sehr zugute gekommen ist. Ich habe gemerkt, dass ich schnell einen Draht zu den neuen Kollegen aufbauen konnte, was mir auch bei Ihnen sicherlich helfen wird.«

Fragen, die in die gleiche Richtung zielen:
- »Haben Sie Schwierigkeiten, sich anzupassen, oder warum haben Sie schon so viele Arbeitgeber ausprobiert?«
- »Welche Unterstützung muss man Ihnen gewähren, damit Sie länger bei einer Firma bleiben?«
- »Wie lange wollen Sie bei uns bleiben?«

45-plus-Bewerber

Hintergrund: Bei älteren Bewerbern tauchen bei dem einen oder anderen Personalverantwortlichen schon einmal Vorurteile auf. Ist er oder sie dem Berufsalltag überhaupt noch gewachsen? Neigt der Kandidat zu Dienst nach Vorschrift? Ist er oder sie noch auf der Höhe der Zeit?

Antwort-Strategie: Helfen Sie Personalverantwortlichen dabei, diese Vorurteile zu entkräften. Lassen Sie sich auf keinen Fall auf eine Diskussion ein, ob ältere oder jüngere Mitarbeiter die besseren sind. Durch die Einladung hat man Ihnen bereits signalisiert, dass man Ihnen den neuen Job durchaus zutraut. Nutzen Sie diese Chance: Rücken Sie Ihre Einstellungsargumente in den Vordergrund!

Typische Frage: »Sind Sie nicht zu alt für diese Position?«

Überzeugende Antwort: »Ich verfüge über langjährige Erfahrungen an der Schnittstelle von Vertrieb und Produktmanagement. Von der Neukundenakquisition über die Betreuung von Bestandskunden bis zum Key-Account habe ich in allen wesentlichen Bereichen gearbeitet. Sowohl die Zusammenarbeit mit Kunden aus der Privatwirtschaft als auch aus dem öffentlichen Sektor ist mir bestens vertraut. Sehr gute Branchenkenntnisse, zu denen auch gute Kontakte zu den Entscheidern in einzelnen Firmen gehören, bringe ich ebenfalls mit. Ich würde bei Ihnen gerne weiterhin erfolgreiche Produkteinführungen verantworten.«

Fragen, die in die gleiche Richtung zielen:
- »Können Sie noch mit jungen Kollegen zusammenarbeiten?«
- »Sind Sie noch hundertprozentig belastbar?«
- »Was haben Sie jüngeren Kollegen voraus?«

Wiedereinstieg nach der Kinderpause

Hintergrund: Manche Personalverantwortliche hegen den Verdacht, dass der berufliche Wiedereinstieg nicht ausreichend vorbereitet ist. Daher überprüfen sie, auf welche Weise die Bewerberinnen den Anschluss an die aktuellen beruflichen Anforderungen gehalten haben.

Antwort-Strategie: Liefern Sie nach Möglichkeit Beispiele dafür, dass Sie auch während der Kindererziehung mit dem Beruf in Kontakt geblieben sind. Dies kann anhand von Urlaubsvertretungen, Minijobs, Aushilfstätigkeiten oder Weiterbildungskursen der Fall gewesen sein.

Typische Frage: »Sind Sie nicht schon viel zu lange aus dem Arbeitsleben heraus?«

Überzeugende Antwort: »Ich bin auch während der Erziehungszeit in Kontakt mit dem Berufsleben geblieben – sowohl durch Kontakte zu meinem früheren Arbeitgeber, für den ich auch Urlaubsvertretungen gemacht habe, als auch durch den Austausch mit meinen früheren Kollegen. Die Zeit, die mir neben der Kindererziehung geblieben ist, habe ich genutzt, um meine Englisch- und PC-Kenntnisse auszubauen. Jetzt würde ich meine Erfahrungen gerne wieder beruflich für Sie einsetzen.«

Fragen, die in die gleiche Richtung zielen:
- »Trauen Sie sich den beruflichen Wiedereinstieg nach der langen Pause wirklich zu?«
- »Kommen Sie mit aktueller Bürosoftware überhaupt noch klar?«
- »Glauben Sie, dass Sie mehr Unterstützung bei der Einarbeitung brauchen als andere?«

Auffallende Bewertungen im Arbeitszeugnis

Hintergrund: Schlechte Arbeitszeugnisse lassen Personalverantwortliche aufhorchen, denn niemand will gerne einen Mitarbeiter einstellen, der unterdurchschnittliche Arbeitsleistungen erbringt. Aber auch viel zu gute Arbeitszeugnisse lassen Zweifel aufkommen: Soll hier womöglich ein eher durchschnittlicher Mitarbeiter weggelobt werden? Oder hat sich der Bewerber sein Zeugnis selbst geschrieben?

Antwort-Strategie: Steigen Sie nicht in die Schilderung von Problemen ein. Erwähnen Sie, dass Sie sowohl mit Ihren Aufgaben als auch mit Vorgesetzten, Kollegen und Kunden gut zurechtgekommen sind. Gestehen Sie ein, dass einzelne Angaben möglicherweise missverständlich formuliert sind, aber dass im Großen und Ganzen alles in Ordnung war.

Typische Frage: »Warum hat man Ihnen im Arbeitszeugnis eine schlechte Bewertung für Ihr Verhalten gegenüber dem Vorgesetzten verpasst?«

Überzeugende Antwort: »Jetzt bin ich aber überrascht, dass dieser Eindruck erweckt wird. Ich hatte ein gutes Verhältnis zu meinem direkten Vorgesetzten. Aufgrund der guten Zusammenarbeit habe ich das Zeugnis nie kritisch betrachtet. Ich war mir sicher, dass die Firma meine gute Arbeitsleistung auch im Arbeitszeugnis entsprechend gewürdigt hat. Da ich über vier Jahre für meine Firma tätig war, gehe ich auch davon aus, dass man dort mit mir zufrieden war.«

Fragen, die in die gleiche Richtung zielen:
- »Wieso bescheinigt man Ihnen eine nur mittelmäßige Arbeitsdisziplin?«
- »Ihre Bewertungen im Arbeitszeugnis sind viel zu gut, wollte man Sie wegloben?«
- »Arbeitszeugnisse müssen ja immer wohlwollend abgefasst werden, zwischen den Zeilen lese ich aber, dass Sie mit den Kollegen Probleme hatten. Woran lag das?«

7. Die kleinen Gemeinheiten der Personaler

Seit Einstellungsinterviews zumindest in der ersten Runde vermehrt von Personalprofis oder geschulten Fachvorgesetzten geführt werden, kursieren rund um das Vorstellungsgespräch viele Gerüchte. So heißt es, dass Fragen gestellt werden, auf die kein Normalsterblicher eine Antwort finden kann. Manche Bewerberinnen und Bewerber glauben zudem, dass das Vorstellungsgespräch lediglich dazu dient, sie bloßzustellen.

Üblicherweise geht es wirklich um einen gegenseitigen Informationsaustausch. Dass viele Bewerber das Gespräch trotzdem als bedrohlich empfinden, hat damit zu tun, dass unvorbereitete Bewerber oftmals nicht wissen, worauf ein Personalverantwortlicher mit seiner Frage hinaus will. Hinzu kommt, dass Personalprofis durchaus kleine Gemeinheiten in das Vorstellungsgespräch einstreuen, um zu sehen, wie der Bewerber reagiert. Wir hatten Ihnen ja schon erläutert, dass es sich beim Bewerbungsgespräch auch immer um einen Persönlichkeits-Test handelt – und was ist besser geeignet, um sich beispielsweise ein Bild über die tatsächliche Kritikfähigkeit eines Bewerbers zu verschaffen, als eine kritische Bemerkung?

Stress- und Kontrollfragen entschärfen

Personalverantwortliche sind heutzutage förmlich dazu gezwungen, Informationen über den Bewerber durch solche »gemeinen Fragen« einzuholen. Harmlose Fragen reichen nicht mehr aus, denn die Bewerber wissen bereits vorher, welche persönlichen Fähigkeiten von ihnen erwartet werden – meistens werden diese ja auch ausdrücklich in der Stellenanzeige eingefordert.

Bei Bewerbern ist die Versuchung deshalb groß, einfach zu behaupten, dass sie die Anforderungen bezüglich der persönlichen Fähigkeiten erfüllen, auch wenn dies nicht ganz der Wahrheit entspricht. Hinzu kommt, dass gerade unvorbereitete Bewerber in ihre Antworten keine Beispiele aus der Berufspraxis einfließen lassen, sodass man nur schwer die Glaubwürdigkeit der Aussagen abschätzen kann. Um Informationen über die Soft Skills der Bewerber zu bekommen, müssen Personalverantwortliche also zu anderen Mitteln greifen, wie

→ **Stressfragen und**
→ **Kontrollfragen**

Was im Einzelnen hinter diesen »gemeinen Fragen« steckt, erläutern wir Ihnen jetzt. Anhand von überzeugenden Beispielen möchten wir Ihnen aber vor allem zeigen, wie Sie souverän auf diese Art von Fragen reagieren und so einen positiven Eindruck hinterlassen.

Stressfragen

Hintergrund: Vorstellungsgespräche sind künstliche Situationen – das wird besonders deutlich, wenn Stressfragen ins Gespräch eingestreut werden. Personalverantwortliche wollen auf diese Weise den Bewerber aus der Reserve locken. Sie sind weniger an dem Inhalt Ihrer Antwort als vielmehr an Ihrer tatsächlichen Reaktion interessiert. Stressfragen sollen die Initialzündung für unüberlegte Äußerungen sein, wodurch Personalprofis dann Rückschlüsse auf Ihre Persönlichkeit ziehen.

Antwort-Strategie: Lassen Sie sich nicht aufs Glatteis führen. Hinter Stressfragen steckt kein wirkliches Informationsbedürfnis – es ist viel wichtiger, *wie* Sie antworten. Bleiben Sie gelassen und lassen Sie sich nicht provozieren. Steigen Sie gar nicht erst auf Angriffe, Unterstellungen oder Kritik ein. Bringen Sie das Gespräch mit Ihrer Antwort wieder auf eine sachliche Ebene, und greifen Sie auch hier auf Selbstpräsentation zurück.

Typische Frage: »Ihre Antworten überzeugen mich nicht. Ich glaube, Sie passen nicht zu uns, oder?«

Überzeugende Antwort: »Das finde ich schade, dass Sie diesen Eindruck von mir bekommen haben. Für mich ist die ausgeschriebene Stelle sehr interessant, weil ich meine langjährigen beruflichen Erfahrungen in der Großkundenbetreuung und als Produktmanager gut einbringen könnte. Da ich beide Bereiche kennen gelernt habe, konnte ich bei meinem letzten Arbeitgeber Produktentwicklungen realisieren, die sich an einem kundenorientierten Qualitätsbegriff ausrichten. Dies hat nicht nur zu erfolgreichen Markteinführungen, sondern auch zu einer positiven Ausstrahlung auf die anderen von uns angebotenen Produkte geführt. Ich würde mich freuen, meine erfolgreiche Arbeit bei Ihnen fortsetzen zu können.«

Fragen, die in die gleiche Richtung zielen:
- »Sie trauen sich die neue Aufgabe doch eigentlich gar nicht zu, oder?«
- »Sie sind dem Druck am Arbeitsplatz doch eigentlich nicht mehr gewachsen, oder?«

- »Sind Sie nicht zu alt für den anstrengenden Job?«
- »Sie sind noch sehr jung. Glauben Sie wirklich, Sie haben genug Erfahrung, um die Stelle kompetent auszufüllen?«
- »Werden Sie uns genauso schnell wieder verlassen wie Ihre bisherigen Arbeitgeber?«
- »Besonders weiterbildungswillig sind Sie ja nicht gerade.«
- »Sie haben doch eigentlich überhaupt keine beruflichen Ziele, oder?«
- »Waren Sie in der letzten Firma ein Außenseiter?«
- »Täuscht mich der Eindruck, dass Ihr Arbeitgeber Sie unbedingt loswerden will?«
- »Ihre Fähigkeiten sind recht durchschnittlich, finden Sie nicht?«
- »Warum sollte ich Sie einstellen, wo es doch bessere Bewerber gibt?«

Kontrollfragen

Hintergrund: Wahrscheinlich sind auch Sie nicht so blauäugig, stets alles zu glauben, was man Ihnen erzählt. Sie überlegen sich, ob das, was man Ihnen mitgeteilt hat, wirklich stimmt. Oder ob Ihr Gesprächspartner es mit der Wahrheit nicht ganz so ernst nimmt. Um Ungereimtheiten aufzuspüren, werden Sie auf Widersprüche achten und gegebenenfalls nachhaken. Genauso gehen auch Personalverantwortliche vor, indem sie so genannte Kontrollfragen stellen.

Antwort-Strategie: Wenn Ihnen Personalverantwortliche Kontrollfragen stellen, in denen Sie mit Unstimmigkeiten oder Widersprüchen in Ihren Aussagen konfrontiert werden, müssen Sie diese auflösen. Das Problem, das der Personalverantwortliche in den Raum stellt, existiert meistens gar nicht. Man möchte nur sehen, wie Sie reagieren. Bleiben Sie bei Ihrem eingeschlagenen Kurs, und greifen Sie auch hier auf Ihre Selbstpräsentation zurück.

Typische Frage: »Wenn Sie so belastbar sind, wie Sie behaupten, warum haben Sie dann bei Ihrem letzten Arbeitgeber nicht mehr Sonderaufgaben übernommen?«

Überzeugende Antwort: »Ich hätte gerne weitere Sonderaufgaben übernommen. Bei meinem jetzigen Arbeitgeber gibt es aber die strikte Trennung, dass Sonderaufgaben nur an die Mitglieder von Projektteams vergeben werden. Als Mitarbeiter in einer Abteilung bekommt man nur in Ausnahmefällen die Chance, sich abteilungsübergreifend zu engagieren. Trotzdem habe ich es immer wieder geschafft, Aufgaben außerhalb meines eigentlichen Tätigkeitsbereiches zu übernehmen. Ich möchte jetzt aber gerne stärker in Projektaufgaben hineinwachsen, als mir dies bei meinem momentanen Arbeitgeber möglich ist.«

Fragen, die in die gleiche Richtung zielen:

- »Wie können Sie als Sachbearbeiter überhaupt Teamfähigkeit erworben haben?«
- »Warum verbringen Sie Ihre Freizeit lieber allein, wo Sie es doch beruflich bevorzugen, in der Gruppe zu arbeiten?«
- »Hand aufs Herz, so selbstbewusst, wie Sie behaupten, sind Sie doch eigentlich gar nicht – sonst hätten Sie doch schon längst einen neuen Job gefunden, oder?«
- »Würde Ihr Vorgesetzter Ihre Aussagen in diesem Gespräch bestätigen, wenn ich ihn jetzt anrufe?«
- »Warum machen Sie nicht Karriere in Ihrem jetzigen Unternehmen, wenn Sie die Aufgaben doch ganz gut im Griff haben?«
- »Wo wären Sie heute, wenn alles optimal gelaufen wäre?«

- »Was würden Sie alles in Ihrer jetzigen Firma ändern, wenn Sie die Macht dazu hätten?«
- »Nun seien Sie doch mal ehrlich, ganz ohne Reibungen geht es doch gar nicht im Berufsalltag. Wo hat es denn einmal Probleme gegeben?«

Unzulässige Fragen beantworten

Hintergrund: Es werden Ihnen im Bewerbungsgespräch auch manchmal unzulässige Fragen gestellt, die Sie eigentlich nicht beantworten müssen oder bei deren Beantwortung Sie lügen dürfen – zumindest juristisch gesehen. Klare Grenzen werden den Firmen durch das Allgemeine Gleichbehandlungsgesetz (AGG) und durch die Rechtsprechung der Gerichte gesetzt. Wir haben schon Bewerber getroffen, die die unzulässigen Fragen auswendig gelernt haben, um dann das ganze Vorstellungsgespräch darauf zu warten, dass ihnen eine derartige Frage gestellt wird. In tiefster moralischer Inbrunst lehnen diese Kandidaten dann die Beantwortung ab. Manche drohen auch damit, den Personalrat beziehungsweise die Gewerkschaft einzuschalten. Das Ergebnis dieses »politisch-korrekten« hat jedoch zur Folge, dass diese Bewerber eine Absage erhalten.

Antwort-Strategie: Ein wichtiger Aspekt derartiger Fragen, der von vielen übersehen wird, ist der, dass man die Reaktion der Bewerber testen will, insbesondere die Stressresistenz. Zugegebenermaßen ist die Grenze zwischen einem wirklichen Interesse an der Beantwortung einer eigentlich unzulässigen Frage und dem Einsatz dieser Frage als Stressfrage sehr schmal. Statt also die Beantwortung unzulässiger Fragen zu verweigern, sollten Sie lieber die Möglichkeit nutzen und mit einer souveränen Antwort beim Personalverantwortlichen punkten.

Typische Frage: »Wie sieht es mit Ihrer Familienplanung aus?«

Überzeugende Antwort: »Ich habe mit meinem Freund/Ehemann/Lebensgefährten über dieses Thema bereits ausführlich geredet. Wir sind uns beide einig, dass der Beruf für uns absolut im Vordergrund steht.«

Damit zu diesem Punkt keine Missverständnisse entstehen: Selbstverständlich ist es Ihre Privatsache, ob Sie sich zu irgendeinem Zeitpunkt in Ihrem Leben Kinder wünschen oder nicht. Aber so lange dieser Wunsch nicht aktuell ist, sollten Sie bei einer Frage in diese Richtung in Ihrer Antwort »den Ball flach halten«. Darüber hinaus stellen wir fest, dass immer weniger Firmen überhaupt Fragen zur Familienplanung stellen, dies hängt sicherlich auch damit zusammen, dass das Allgemeine Gleichbehandlungsgesetz (AGG) derartige Fragen eigentlich ja auch verbietet.

Unzulässige Fragen, die Sie nicht wahrheitsgemäß beantworten müssen:

- »Welcher Religion gehören Sie an?« (Ausnahme: Bewerbung bei der Kirche oder Ähnlichem)
- »Sind Sie Gewerkschaftsmitglied?« (Ausnahme: Bewerbung bei einer Gewerkschaft)
- »Sind Sie aktives Mitglied bei einer politischen Partei?« (Ausnahme: Bewerbung bei einer Partei)
- »Sind Sie homosexuell/lesbisch?«
- »Wann wollen Sie das nächste Kind bekommen?«
- »Wenn Sie ein Kind bekommen, werden Sie Ihre Berufstätigkeit bei uns dann durch die Elternzeit unterbrechen?«
- »Sind Sie schwanger?« (Ausnahme: Der Arbeitsplatz gefährdet den Fötus)
- »Müssen Sie Unterhaltszahlungen leisten?«

- »Unterliegen Sie einer Gehaltspfändung?« (Ausnahme: Bewerbung auf eine Position mit umfangreichem Geldverkehr, beispielsweise als Kassierer in einer Bank)
- »Sind Sie vorbestraft?« (Ausnahme: siehe Gehaltspfändung)
- »Haben Sie in Ihrer Kindheit Frösche aufgeblasen oder Spinnen die Beine ausgerissen?«

8. Ihr Training: Fragen, Fragen, Fragen

Üblicherweise erwartet Sie im Vorstellungsgespräch eine ruhige und sachliche Atmosphäre. Personalverantwortliche haben überhaupt kein Interesse daran, Sie vorzuführen. Dass sich viele Bewerberinnen und Bewerber in Vorstellungsgesprächen trotzdem als Spielball der Personalprofis fühlen, liegt daran, dass nur den wenigsten Kandidaten die Hintergründe der gestellten Fragen bewusst sind.

Vermeiden Sie, dass der Personalverantwortliche in die ungeliebte Rolle des Verhörers gedrängt wird. Wenn Sie von sich aus Ihre beruflichen Erfahrungen und Ihre Stärken thematisieren, kommen Sie gleichzeitig den bohrenden Nachfragen zuvor. Damit Sie auf alle Eventualitäten im Vorstellungsgespräch vorbereitet sind, machen wir Sie in diesem Kapitel mit zahlreichen Beispielfragen vertraut.

Das sollten Sie sich merken:
Es ist ausdrücklich erwünscht, dass sich das Gespräch zum Dialog zwischen Bewerber und Personalentscheider entwickelt.

Liefern Sie glaubwürdige Antworten, gehen Sie immer wieder auf die Beispielebene herunter und stellen Sie Ihr individuelles Profil in den Mittelpunkt Ihrer Ausführungen.

Bevor es losgeht

Sie sollten sich klar machen, dass Sie nicht nur Personalverantwortliche von Ihren persönlichen und beruflichen Qualifikationen überzeugen müssen. Wer deren Assistenten oder Referenten unfreundlich angeht oder wortlos an ihnen vorbeiläuft, kann sich darauf verlassen, dass die Personalverantwortlichen das erfahren werden. Verhalten Sie sich deshalb allen Mitarbeitern gegenüber souverän und freundlich. Stellen Sie sich am Empfang und im Personaloffice mit Namen vor, und erwähnen Sie Ihren Gesprächspartner und Ihren Termin.

Vorsicht Falle!
Beachten Sie, dass der große Bewerbertest mit Ihrem Eintreffen in der Firma – und nicht erst im Raum des Personalverantwortlichen – begonnen hat!

Wenn man Sie in den Raum des Personalverantwortlichen bittet, ist es normal, dass bei Ihnen etwas Lampenfieber auftritt. Besinnen Sie sich Ihrer Selbstpräsentation und treten Sie im Bewusstsein Ihrer Stärken auf – Sie haben schließlich etwas zu bieten, und deshalb hat man Sie auch eingeladen.

Achten Sie beim Betreten des Raumes darauf, dass Sie den Personalverantwortlichen und eventuelle weitere Gesprächspartner bei der Begrüßung anblicken. Reichen Sie allen Anwesenden die Hand und stellen Sie sich kurz vor. Dass Sie erst dann Platz nehmen, wenn man Sie dazu auffordert, ist für Sie sicherlich selbstverständlich. Sie sollten auch daran denken, Ihr Handy für die Zeit des Vorstellungsgespräches auszuschalten, denn ein klingelndes Handy bringt Sie eventuell aus dem Konzept und hinterlässt zudem einen schlechten Eindruck.

Wenn Sie Raucher sind, sollten Sie Ihre Zigarette vor dem Betreten der Firma zu Ende rauchen. Auch am Ende des Gespräches sollten Sie souverän bleiben: Verabschieden Sie sich von allen Anwesenden, und bedanken Sie sich für die Zeit, die man sich für Sie genommen hat. Begleitet man Sie zum Ausgang, dürfen Sie ruhig noch etwas Small Talk betreiben. Loben Sie beispielsweise die konstruktive Gesprächsatmosphäre oder die Firmenarchitektur und unterstreichen Sie so Ihr souveränes Auftreten bis zum Schluss.

Die häufigsten Fragen und die besten Antworten

Nachdem Sie die formale Seite von Vorstellungsgesprächen kennen gelernt haben, geht es nun an die inhaltliche. Setzen Sie sich im weiteren Verlauf dieses Kapitels mit den Fragen der Personalverantwortlichen intensiv auseinander. Es erwarten Sie

- **Fragen zum Grund des Stellenwechsels,**
- **Fragen zur beruflichen Entwicklung,**
- **Fragen zum Umgang mit Kollegen,**
- **Fragen zum Umgang mit Kunden,**
- **Fragen zum Umgang mit Vorgesetzten,**
- **Fragen zum neuen Arbeitgeber,**
- **Fragen zum Privatleben,**
- **Fragen zum Selbstbild,**
- **Fragen zu Ihren Fragen.**

Fragen zum Grund des Stellenwechsels

Hintergrund: Fragen zum Grund des Stellenwechsels erzeugen nicht selten Stress beim Bewerber. Das ist auch das Ziel: Personalverantwortliche möchten erfahren, ob Sie vor Problemen flüchten, unbewältigte Konflikte mit sich herumtragen oder womöglich Rachegelüste verspüren. Erwecken Bewerber in ihren Antworten den Eindruck, dass sie gefühlsmäßig noch nicht mit dem alten Arbeitgeber abgeschlossen haben, ist dies ungünstig.

Antwort-Strategie: Die besten Gründe für den Stellenwechsel liegen in Ihrer Selbstpräsentation. Lassen Sie sich nicht auf eine Abrechnung mit der alten Firma ein. Beziehen Sie sich also nur auf die Vergangenheit und beschreiben Sie mit sachlichen Formulierungen, was Sie für den alten Arbeitgeber geleistet haben. Richten Sie dann schnell den Blick in die Zukunft, und liefern Sie weitere Argumente dafür, auf welche Weise Sie die neue Stelle kompetent ausfüllen werden.

Typische Frage: »Warum wollen Sie die Stelle wechseln?«

Überzeugende Antwort: »Ich möchte meine Erfahrungen im Vertriebsinnendienst weiter ausbauen. Auch jetzt bin ich ja schon an der Schnittstelle von Vertrieb und Marketing tätig. Die in der Stellenanzeige angesprochenen Marketingaufgaben interessieren mich sehr, und ich verfüge bereits über gute Erfahrungen in diesem Bereich: So habe ich mit einem Verkaufsförderungsprogramm den Absatz der von mir betreuten Produktreihe steigern können. Die gute Resonanz aus dem Fachhandel hat mir gezeigt, dass man in dem Bereich noch mehr machen kann.«

Fragen, die in die gleiche Richtung zielen:
- »Warum haben Sie sich gerade bei uns beworben?«
- »Wo haben Sie sich sonst noch beworben?«
- »Warum haben Sie so oft die Arbeitgeber gewechselt?«

- »Würden Sie gerne bei Ihrer alten Firma bleiben, wenn die wirtschaftliche Entwicklung besser wäre?«
- »Was hat Sie bei Ihrem alten Arbeitgeber besonders enttäuscht?«
- »Was hat Ihnen an Ihrem Arbeitsplatz gut gefallen?«
- »Warum sind Sie jetzt schon eine kleine Ewigkeit bei Ihrem Arbeitgeber?«
- »Warum waren Sie bei Ihrem vorletzten Arbeitgeber nur so kurz beschäftigt?«
- »Hat man Sie bei dem letzten Arbeitgeber herausgeekelt?«

Fragen zur beruflichen Entwicklung

Hintergrund: Stehen Sie zu Ihrer beruflichen Entwicklung, oder sind Sie nur von einer Verlegenheitslösung zur nächsten gestolpert? Personalprofis befragen Sie zu Ihrem beruflichen Werdegang, um zu sehen, ob Sie mit dem, was Sie erreicht haben, zufrieden sind – um so Rückschlüsse auf Ihre Motivation zu ziehen.

Antwort-Strategie: Vermeiden Sie Passivität, und präsentieren Sie sich als aktiver Gestalter Ihrer beruflichen Entwicklung. Liefern Sie Begründungen dafür, warum Sie sich seinerzeit für Ihre Ausbildung beziehungsweise Ihre Studienrichtung entschieden haben. Sie sollten deutlich machen, dass Sie die Ihnen zur Verfügung stehenden beruflichen Möglichkeiten gut genutzt haben. Sehr vorteilhaft ist es auch, Verbindungen zwischen den einzelnen beruflichen Stationen herzustellen, die idealerweise bis zur ausgeschriebenen Stelle reichen.

Typische Frage: »Gibt es einen roten Faden in Ihrer beruflichen Entwicklung?«

Überzeugende Antwort: »In meiner ersten Stelle konnte ich auf meine Kenntnisse aus der Ausbildung/dem Studium zurückgreifen. Es war für mich sehr interessant, richtig in die Praxis der Logistik einzutauchen. Dabei habe ich gemerkt, wie wichtig eine permanente Prozessoptimierung in der Produktion ist. Auch momentan bin ich in der Produktion tätig, allerdings mit einem anderen Schwerpunkt. Durch meine Weiterbildung im Qualitätsbereich bin ich in die Produktionssteuerung hineingewachsen. Ich verstehe mich als Bindeglied zwischen den Produktionsmitarbeitern und der Konstruktion.«

Fragen, die in die gleiche Richtung zielen:
- »Würden Sie noch einmal den gleichen Weg gehen, wenn Sie ganz von vorne anfangen könnten?«
- »Aus welchen Gründen haben Sie sich für Ihren Beruf entschieden?«
- »Welche Berufe würden Sie auch interessieren?«
- »Könnten Sie sich vorstellen, auch auf einem anderen Arbeitsplatz für uns tätig zu werden?«
- »Was war wichtiger für Sie: Die Kenntnisse aus der Ausbildung oder die praktische Erfahrung?«
- »Welche Weiterbildungen interessieren Sie?«
- »Was wollen Sie noch erreichen?«
- »Wenn Sie Kinder hätten, welchen Berufsweg würden Sie ihnen empfehlen?«

Fragen zum Umgang mit Kollegen

Hintergrund: Stellt man Ihnen Fragen zur Zusammenarbeit mit Kollegen, will man herausbekommen, ob Sie sich gut ins Team einpassen können. Man will ebenfalls sehen, ob Sie bei gelegentlich auftretenden Reibereien wieder zu einem konstruktiven Miteinander zurückfinden können.

Antwort-Strategie: Betonen Sie in Ihrer Antwort, dass Sie grundsätzlich mit allen gut zusammenarbeiten können. Da Personalverantwortliche wissen, dass aufgrund von persönlichen Eigenarten niemals alles völlig glatt läuft, können Sie durchaus einzelne Schwierigkeiten erwähnen – aber nur dann, wenn sie von Ihnen wieder aus der Welt geschafft wurden! Legen Sie sich auch nicht zu stark auf bestimmte Lieblingskollegen fest, denn schließlich müssen Sie mit den Menschen auskommen, die Sie in der Firma vorfinden.

Typische Frage: »Hat Sie an Ihren Kollegen etwas gestört?«

Überzeugende Antwort: »Ich hatte ein gutes Verhältnis zu meinen Kollegen. Auf bestimmte Eigenarten muss man sich einstellen können. Ich hatte beispielsweise einmal einen Kollegen, der Arbeitsergebnisse immer auf den allerletzten Drücker geliefert hat. Wir haben dann in der Abteilung die Abgabetermine immer etwas vorverlegt, damit alles rechtzeitig da war.«

Fragen, die in die gleiche Richtung zielen:
- »Welche Eigenarten können Sie an Kollegen gar nicht leiden?«
- »Wie stellen Sie sich ein optimales Verhältnis zu Ihren Kollegen vor?«
- »Welche Erwartungen haben Sie an zukünftige Kollegen?«
- »Wenn man Ihnen einen Mitarbeiter zur Seite stellen würde, welche Eigenschaften müsste er haben?«
- »Arbeiten Sie lieber mit jüngeren oder mit älteren Kollegen zusammen?«
- »Wie lösen Sie Konflikte mit Kollegen auf?«
- »Was würden Ihre Kollegen an Ihnen kritisieren?«

Fragen zum Umgang mit Kunden

Hintergrund: Gerade in den Bereichen Service, Beratung und Verkauf spielt der persönliche Umgang mit der Kundschaft eine herausragende Rolle, denn gute Produkte verkaufen sich nicht von allein. Sie müssen dem Kunden näher gebracht, erläutert und letztlich an den Mann oder die Frau gebracht werden. Ob der Bewerber Kundenorientierung auch wirklich verinnerlicht hat, ist für Personalverantwortliche daher elementar.

Antwort-Strategie: Hier müssen Sie mit Beispielen aus der Praxis punkten. Reine Absichtserklärungen bringen Sie nicht weiter. Sie müssen Ihren Erfahrungsschatz nutzen, um mit aussagekräftigen Beispielen eine Verkäufer- oder Beraterpersönlichkeit sichtbar zu machen.

Typische Frage: »Wie kommen Sie mit Kunden klar?«

Überzeugende Antwort: »Ich habe schon immer gerne im Vertrieb gearbeitet, denn ich mag den persönlichen Kontakt zum Kunden. Es geht für mich um mehr als nur darum, ein Produkt zu verkaufen. Für mich ist es wichtig, die Kundenwünsche herauszuarbeiten, auszuloten, wo Widerstände liegen könnten, und dann individuelle Lösungen vorzuschlagen. Dieses Vertrauensverhältnis muss man sich unter anderem über einen guten persönlichen Draht erarbeiten. Schließlich geht es in unserer Branche um erklärungsbedürftige und komplexe Maschinen, die sich nicht im Vorbeigehen verkaufen lassen.«

Fragen, die in die gleiche Richtung zielen:
- »Wie überzeugen Sie Kunden?«
- »Wie lassen sich neue Kunden gewinnen?«
- »Was ist wichtiger: Qualität oder ein günstiger Preis?«
- »Können Sie Reklamationen etwas Positives abgewinnen?«

- »Wie reagieren Sie, wenn ein Kunde sich lautstark über eines unserer Produkte beschwert?«
- »Was ist wichtig im Vertrieb?«
- »Welche Eigenschaften muss ein guter Berater mitbringen?«
- »Was zeichnet einen guten Verkäufer aus?«
- »Glauben Sie, dass die Serviceorientierung in Deutschland weniger ausgeprägt ist als in anderen Ländern?«
- »Was halten Sie von dem Satz ›Der Kunde ist König‹?«
- »Was ist das Geheimnis eines guten Messeauftrittes?«

Fragen zum Umgang mit Vorgesetzten

Hintergrund: Besserwisserische Mitarbeiter und notorische Querulanten sind in Firmen nicht gerne gesehen, da sie Arbeitsabläufe behindern und dem Betrieb schaden können. Daher wollen Personalverantwortliche mit gezielten Nachfragen zum Umgang mit Vorgesetzten die Anpassungsfähigkeit der Bewerber testen. Gleichzeitig geben diese Fragen Aufschluss darüber, wie sich der Bewerber bei Problemen im Arbeitsalltag verhält.

Antwort-Strategie: Machen Sie deutlich, dass Sie Wert auf einen reibungslosen Alltagsbetrieb legen. Sie dürfen auf keinen Fall den Eindruck erwecken, dass Sie Privatfehden mit Vorgesetzten austragen. Bekennen Sie sich zur Notwendigkeit einer betrieblichen Hierarchie und erläutern Sie, dass es Ihr Ziel ist, mit Vorgesetzten an einem Strang zu ziehen, um die Firmenziele zu erreichen.

Typische Frage: »Worüber haben Sie sich bei Ihren bisherigen Vorgesetzten am meisten geärgert?«

Überzeugende Antwort: »Ich bin mit meinen Vorgesetzten bisher gut ausgekommen. Man muss sich auf Vorgesetzte aber auch einstellen. So konnte ich einen Teamleiter nie am Montag ansprechen, wenn sein Lieblingsverein am Wochenende verloren hatte. Ich habe aber die Erfahrung gemacht, dass man immer ein offenes Ohr findet, wenn man den richtigen Zeitpunkt wählt, um eigene Vorschläge zu machen. In dem geschilderten Fall klappte es also besser von Dienstag bis Freitag mit Nachfragen von meiner Seite.«

Fragen, die in die gleiche Richtung zielen:
- »Wer war der schlechteste Vorgesetzte, mit dem Sie je zu tun hatten?«
- »Wie reagieren Sie auf Kritik von Vorgesetzten?«
- »Was zeichnet einen idealen Vorgesetzten aus?«
- »Hat Ihr Vorgesetzter auf Ihre Ratschläge gehört?«
- »Glauben Sie, dass auch Frauen Führungspositionen einnehmen können?«
- »Gab es Managemententscheidungen, die Ihnen die tägliche Arbeit schwer gemacht haben?«
- »Haben Sie sich schon einmal gewünscht, Chefin zu sein?«
- »Welchen Führungsstil halten Sie für zeitgemäß?«
- »Was machen Sie, wenn ein Vorgesetzter Ihre Ideen als seine eigenen ausgibt?«
- »Auf welcher Seite stehen Sie bei Schwierigkeiten: Auf der Ihrer Kollegen oder der Ihres Vorgesetzten?«

Fragen zum neuen Arbeitgeber

Hintergrund: Die Entscheidung für den neuen Arbeitgeber sollte aus Firmensicht eine bewusste Entscheidung sein. Man weiß zwar, dass Sie höchstwahrscheinlich nicht nur eine einzige Bewerbung versandt haben, erwartet aber, dass Sie sich mit der Firma auseinander gesetzt haben. Es sollte Ihnen schon klar sein, ob Sie überhaupt in die Firma passen oder nicht. Wenn Sie darauf keine plausible Antwort geben können, vermutet man, dass es Ihnen eigentlich egal ist, wo Sie arbeiten.

Antwort-Strategie: Machen Sie deutlich, dass Sie sich über die Firma informiert haben und warum Sie glauben, zur Firma zu passen. Wenn Sie schon vor der Bewerbung Informationen über die Firma zusammengetragen haben, kommt das gut an. Auf jeden Fall sollten Sie Eckdaten der Firma präsent haben. Dazu gehören die jeweilige Branche, die wichtigsten Produkte oder Dienstleistungen, die Beschäftigtenzahl, Standorte und die Unternehmensentwicklung der vergangenen Jahre.

Typische Frage: »Wie sind Sie auf unser Unternehmen aufmerksam geworden?«

Überzeugende Antwort: »Das erste Mal bin ich auf der Messe in Hannover auf Ihr Unternehmen aufmerksam geworden. Dort habe ich mit einem Ihrer Standbetreuer gesprochen und mir Infomaterial geben lassen. Als ich dann Ihre Stellenanzeige entdeckt habe, habe ich mich sehr gefreut. Die von Ihnen ausgeschriebene Position hat viele Berührungspunkte mit meinen bisherigen Aufgaben, und ich könnte auch meine Branchenkenntnisse für Sie nutzbar machen.«

Fragen, die in die gleiche Richtung zielen:
- »Was wissen Sie über unsere Firma?«
- »Kennen Sie die Produkte unseres Unternehmens?«
- »Welche Dienstleistungen bilden das Kerngeschäft unserer Unternehmenstätigkeit?«
- »Wissen Sie, wie viele Mitarbeiter wir bundesweit/europaweit/weltweit beschäftigen?«

- »Kennen Sie noch andere Standorte unseres Unternehmens?«
- »Welchen Ruf hat unser Unternehmen in der Branche?«
- »Sind Sie mit den Besonderheiten unserer Branche vertraut?«
- »Welchen Eindruck haben Sie bisher von unserer Firma?«
- »Wie haben Sie sich über unsere Firma informiert?«
- »Wie finden Sie unseren Internetauftritt?«
- »Was glauben Sie, wie sich der Markt, auf dem wir tätig sind, zukünftig entwickeln wird?«

Fragen zum Privatleben

Hintergrund: Weisen Sie Fragen zu Ihrem Privatleben nicht mit Bemerkungen wie »Das geht Sie doch gar nichts an!« oder »Sie kennen wohl das AGG nicht? Solche Fragen sind schließlich verboten!« zurück. Bedenken Sie, dass Fragen zum Privatleben gestellt werden, um die Antworten, die Sie in den anderen Fragenblöcken gegeben haben, zu überprüfen. Es wirkt beispielsweise unglaubwürdig, wenn Sie sich beruflich als Teamplayer darstellen, Ihre Freizeit aber als Einzelgänger verbringen. Für die Firma ist darüber hinaus interessant, wie Sie von Ihrem sozialen Umfeld unterstützt werden.

Antwort-Strategie: Machen Sie deutlich, dass Sie auch in Ihrem Privatleben engagiert sind. Im Idealfall kümmern Sie sich neben dem Beruf auch um gesellschaftliche Aufgaben, beispielsweise als Schulelternbeirat oder Vereinsvorsitzende. Achten Sie aber darauf, dass Ihre Freizeitengagements kein Übergewicht bekommen. Finden Sie einen goldenen Mittelweg: Treten Sie Ihre Hobbys nicht zu breit, aber lassen Sie ruhig durchblicken, dass Ihnen Freunde, Familie und Freizeitaktivitäten durchaus am Herzen liegen.

Typische Frage: »Engagieren Sie sich auch über den Beruf hinaus in Ihrer Freizeit für Dinge, die Ihnen wichtig sind?«

Überzeugende Antwort: »Die Zeit, die mir neben dem Beruf bleibt, verbringe ich gerne mit meiner Familie/meinen Freunden. Daneben engagiere ich mich im örtlichen Tennisverein. Dabei bin ich besonders stolz auf das Vereinshaus, das wir in den letzten Jahren aus Beiträgen und Spenden finanzieren konnten. Damit haben die Jugendlichen jetzt auch einen Anlaufpunkt, in dem sie sich nach dem Training treffen können.«

Fragen, die in die gleiche Richtung zielen:

- »Welche Hobbys haben Sie?«
- »Wie gestalten Sie Ihre Freizeit?«
- »Verbringen Sie Ihre Freizeit lieber allein oder mit Freunden?«
- »Treiben Sie Sport?«
- »Welches Hobby würden Sie intensiver betreiben, wenn Sie mehr Zeit hätten?«
- »Was denkt Ihr Lebenspartner über Ihr berufliches Engagement?«
- »Womit würden Sie sich beschäftigen, wenn Sie finanziell ausgesorgt hätten?«
- »Was werden Sie nach Ihrem aktiven Erwerbsleben machen?«
- »Weiß Ihr Lebenspartner, dass Sie umziehen müssten?«
- »Wie sieht Ihre private Lebensplanung aus?«
- »Welchen Beruf übt Ihr Lebenspartner aus?«
- »Üben Sie ein Ehrenamt aus?«
- »Engagieren Sie sich gesellschaftlich?«

Fragen zum Selbstbild

Hintergrund: Welchen Stellenwert persönliche Fähigkeiten mittlerweile im Auswahlprozess haben, dürfte Ihnen bereits klar geworden sein. Personalverantwortliche stellen daher auch ganz gezielt Fragen zu einzelnen persönlichen Fähigkeiten, besonders in Bezug auf Ihre Belastbarkeit, Kommunikationsfähigkeit und Problemlösungskompetenz. Zusätzlich gibt es Fragen, mit denen Personalentscheider Ihr Selbstbild einfordern: Sind Sie mit sich im Reinen, oder schleppen Sie unbewältigte Probleme mit sich herum?

Antwort-Strategie: Auch wenn Sie nach Krisen, Problemen oder Schwierigkeiten gefragt werden, sollten Sie in Ihren Antworten immer auf die positiven Seiten schwieriger Situationen eingehen. Zeigen Sie sich lösungsorientiert und geben Sie Beispiele dafür, wie Sie Steine aus dem Weg geräumt haben. Halten Sie aussagekräftige Stärken und glaubwürdige Schwächen parat. Wie dies im Einzelnen geht, haben wir Ihnen im Kapitel 5 *Werden Sie sich Ihrer Stärken und Schwächen bewusst* vorgestellt. Lassen Sie sich von Fragen danach, wie andere Sie beschreiben würden, nicht aufs Glatteis führen. Es geht immer um Ihre Selbsteinschätzung und die Frage, ob Sie sich erfolgreiches Arbeiten zutrauen.

Typische Frage: »Wie definieren Sie Teamfähigkeit?«

Überzeugende Antwort: »Ich finde den Austausch mit Kollegen sehr wichtig. Im Team lassen sich viele Aufgaben besser bewältigen, da jeder seine Stärken einbringen kann. Wichtig ist dabei aber, dass man das Ziel stets im Auge behält. Zur Teamfähigkeit gehört für mich daher, eigene Beiträge so zu präsentieren, dass sie für die Gruppe auch verwertbar sind, und die Aufgaben so abzustimmen, dass jeder seine Fähigkeiten bestmöglich einbringen kann.«

Fragen, die in die gleiche Richtung zielen:

- »Was war das letzte Problem, das Sie lösen mussten, und wie sind Sie dabei vorgegangen?«
- »Was ist Ihre herausragendste Stärke?«
- »Wie schätzen andere Menschen Sie ein?«
- »Wo sehen Sie bei sich noch Schulungsbedarf?«
- »Haben Sie sich in den letzten fünf Jahren persönlich weiterentwickelt?«
- »Wie gehen Sie mit außergewöhnlichen Belastungen am Arbeitsplatz um?«
- »Wie entspannen Sie sich?«
- »Wie motivieren Sie sich für den Berufsalltag?«
- »Könnten Sie Ihren Vorgesetzten vertreten, wenn man Sie dazu auffordern würde?«
- »Welche Unterstützung brauchen Sie für Ihre Arbeit?«
- »Was war bisher Ihr größter Fehler?«
- »Wie verhalten Sie sich in unangenehmen Situationen?«
- »Wie gehen Sie mit Kritik um?«
- »Was ist wichtig für ein funktionierendes Team?«

Fragen zu Ihren Fragen

Hintergrund: Zum Schluss des Vorstellungsgespräches fordern Personalverantwortliche die Bewerber üblicherweise auf, eigene Fragen zu stellen. Personalprofis möchten auf diese Weise überprüfen, inwieweit sie wirklich an der Stelle interessiert sind. Dieser Abschnitt des Vorstellungsgespräches bietet Ihnen aber auch die Möglichkeit, sich eingehender über den neuen Job zu erkundigen und weitere wichtige Details über die Stelle einzuholen, die vorher noch nicht geklärt wurden.

Antwort-Strategie: Zeigen Sie durch konkrete Fragen zu den Arbeitsinhalten der ausgeschriebenen Stelle, dass Sie wirklich

Interesse an dem neuen Job haben. Überlegen Sie sich schon vorher passende Fragen und schreiben Sie sie auf. Die Fragen sollten einen direkten Bezug zur neuen beruflichen Tätigkeit haben: Das können Details zur neuen Position, zur Einarbeitung, zur Ausstattung des Arbeitsplatzes, zu Kollegen oder zu Vorgesetzten sein. Fragen zum formalen Rahmen der Stelle, zum Beispiel nach der Anzahl der Urlaubstage, Abgeltung der Überstunden, Gleitzeit, Essenszuschuss, Nutzung von Firmenwagen oder anderen Extraleistungen, sollten Sie entweder erst ganz am Ende des Gespräches stellen, wenn wirklich alles andere geklärt ist, oder aber erst im zweiten Vorstellungsgespräch – denn mitten im Gespräch könnten sie damit sonst die gute Atmosphäre eintrüben.

Typische Aufforderung: »Haben Sie von Ihrer Seite aus noch Fragen zur ausgeschriebenen Stelle?«

Fragen, die Sie stellen können:

- »Wer wird mein direkter Vorgesetzter sein, und besteht die Möglichkeit, ihn vorher kennen zu lernen?«
- »Wer ist in der Einarbeitungsphase mein direkter Ansprechpartner?«
- »Wie groß ist das Team, in dem ich arbeiten werde?«
- »Welchen Abteilungen werde ich hauptsächlich zuarbeiten?«
- »Kann ich meinen neuen Arbeitsplatz vorher sehen?«
- »Wurde die ausgeschriebene Stelle neu geschaffen?«
- »Wie lange hat meine Vorgängerin auf dieser Position gearbeitet?«
- »Gibt es Weiterbildungsmöglichkeiten?«
- »Wie ist die Stelle in das Unternehmen eingebunden?«
- »Gibt es einen Organisationsplan des Unternehmens?«
- »Gibt es Gleitzeit?«

- »Wie sieht die Urlaubsregelung aus?«
- »Wie werden Überstunden abgegolten?«

Nachdem Sie die Fragen der Personalverantwortlichen durchgearbeitet, sich mit Hintergründen vertraut gemacht und eigene Antworten entwickelt haben, sind Sie nun für ein Vorstellungsgespräch gut gerüstet. Wenn Sie weitere Anregungen für überzeugende Antworten wünschen, empfehlen wir Ihnen unseren Ratgeber *Trainingsmappe Vorstellungsgespräch. Die 200 entscheidenden Fragen und die besten Antworten*. In dem genannten Ratgeber machen wir Sie mit 200 Fragen vertraut und stellen Ihnen darüber hinaus 200 negative, aber auch 200 positive Beispielantworten vor.

9. Wichtig: Die Gehaltsfrage

Für Bewerber ist der Aspekt Gehaltsvorstellung im Bewerbungsgespräch eine schwierige Angelegenheit. Viele befürchten, dass ihr Vorschlag zu niedrig ist, sie sich unter Preis verkaufen und die mit dem Stellenwechsel verbundene Chance einer spürbaren Gehaltsverbesserung nicht ausreichend nutzen. Andere befürchten, dass sie sich durch zu hohe Gehaltsforderungen frühzeitig selbst aus dem Rennen werfen.

Im Vorstellungsgespräch sollte es Ihnen gegenüber den Personalverantwortlichen vorrangig um Ihre berufliche Entwicklung gehen. Sie sollten die Entwicklung Ihrer Fähigkeiten, Ihres Erfahrungsschatzes und Ihres Könnens künftigen Arbeitgebern gegenüber inhaltlich plausibel machen können. Das Gehalt ist aus diesem Grund »nur« der formale Rahmen Ihrer zukünftigen Tätigkeit.

Einige Punkte müssen Sie allerdings bei Ihren Gehaltsvorstellungen beachten. Sie haben mit Ihrer Selbstpräsentation eine Entwicklungslinie in Ihrem Berufsleben nachgezeichnet, die auf die neue Position hinführt. Wenn diese Entwicklungslinie »nach oben« führt, sie also aufsteigen möchten und deshalb auch mehr Verantwortung und Gestaltungsfreiräume in dieser neuen Position suchen, sollte die neue Stelle auch besser dotiert sein als Ihre vorherige.

Als Richtschnur gilt dann: Verlangen Sie etwa 20 Prozent mehr Brutto-Jahresgehalt. Das ist in dieser Höhe für Personalverantwortliche plausibel. Ansonsten vermutet man, dass hinter Ihrem angestrebten Stellenwechsel etwas anderes als der Wunsch nach dem nächsten Karriereschritt steht, beispielsweise eine nahegelegte Kündigung oder permanenter Ärger mit Kollegen oder Chefs. Mit Richtschnur meinen wir, dass Sie im Idealfall etwa 20 Prozent mehr Gehalt verlangen können. Wenn die Wirtschaft gerade eine krisenhafte Entwicklung durchläuft, wie nach dem Platzen der Internetblase im Jahr 2000 oder der Finanzkrise der Jahre 2007 bis 2009 geschehen, ist es mit Sicherheit sinnvoll Abstriche am Gehaltswunsch zu machen, um überhaupt beschäftigt zu bleiben.

Was ist realistisch?

Argumentieren Sie immer mit Brutto-Jahresgehältern. Wenn Sie Monatsgehälter als Verhandlungsbasis angeben, haben Sie noch nicht die Anzahl der Monatsgehälter (12 oder 13) geklärt. Ebenso wenig haben Sie in Ihre Gehaltsvorstellungen Sonderleistungen und Vergünstigungen einbezogen.

Informieren Sie sich über mögliche Gehälter in Ihrer Branche. Sie gelangen über das Internet an Zahlen. Geben Sie Ihre angestrebte berufliche Position, eine Jahreszahl und das Stichwort »Gehalt« oder das Stichwort »Gehaltstabelle« in eine Suchmaschine ein, beispielsweise: »Vertriebsmitarbeiter 2012 Gehalt« oder »Marketingleiterin 2012 Gehaltstabelle«. Üblicherweise müssen Sie vergangene Jahreszahlen eingeben, denn bis Gehaltsdaten erfasst und veröffentlicht worden sind, vergeht doch etwas Zeit. Sie werden nach der Eingabe hilfreiche Links bekommen, die Ihnen bei Ihrer Gehaltsrecherche weiterhelfen werden.

Je nach Firmengröße, Branche oder Region sind natürlich große Schwankungen möglich. Abgesehen davon hängt das Gehalt, das Sie in Ihrer neuen Position erzielen können, stark von den genannten Einstellungsargumenten in Ihrer Selbstpräsentation ab. Wer sein berufliches Können passgenau, stärkenorientiert und glaubwürdig präsentieren kann, hat üblicherweise auch die besseren Argumente für einen Gehaltswunsch im oberen Drittel des üblichen Rahmens.

Informieren Sie sich vor einem Gespräch immer über den Gehaltsrahmen, in dem sich Ihre angestrebte Position bewegt, denn Ihre Vertrautheit mit den Anforderungen der Branche zeigt sich auch darin, dass Sie mit der üblichen Gehaltshöhe vertraut sind.

Gehaltsforderungen durchsetzen

Gehaltsdiskussionen gehören an das Ende eines Vorstellungsgespräches und nicht an den Anfang. Jeder weiß zwar, dass Sie arbeiten, um Geld zu verdienen. Trotzdem gilt die ungeschriebene Regel des Bewerbungsverfahrens, dass Sie in erster Linie wegen der interessanten Position und der zukünftigen Aufgabenstellungen arbeiten wollen und dass das Gehalt lediglich eine »zwangsläufige Konsequenz« Ihrer ausgeübten Tätigkeit ist.

Aus unseren Erfahrungen wissen wir, dass ein interessanter Kandidat im Bewerbungsgespräch nur selten an den Gehaltswünschen scheitert. Im grundsätzlichen Einvernehmen über die Eignung lässt sich fast immer eine Lösung finden, die für beide Seiten akzeptabel ist. Dies können – vertraglich vereinbarte – Erhöhungen des Gehaltes nach der Probezeit sein oder Zusatzleistungen, wie die private Nutzung von Dienstwagen oder die Übernahme von Weiterbildungskosten.

Wichtig dabei ist: Nur was schriftlich festgehalten wird, hat später auch Bestand. Lassen Sie sich bei der Gehaltsverhandlung bitte nicht mit der Floskel »Wenn Sie sich in unserer Firma bewähren, werden wir nach der Probezeit neu verhandeln« abspeisen.

Argumentieren Sie bei Gehaltsverhandlungen – wie im gesamten Bewerbungsverfahren – aus der Sicht der Firma. Verweisen Sie auf spezielle Anforderungen der ausgeschriebenen Position, die gerade Sie mit Ihren Kenntnissen und Fähigkeiten erfüllen. Branchenerfahrung, sofort einsetzbares Wissen und Spezialkenntnisse können Ihr neues Einkommen erhöhen.

Taktisch verhandeln

Wenn man Ihnen am Ende des Vorstellungsgespräches mitteilt: »Die von Ihnen geforderten 42 500 Euro Jahresgehalt können wir Ihnen beim besten Willen nicht zahlen«, sollten Sie dies als Möglichkeit sehen, Ihren Nutzen für die Firma noch einmal darzustellen. Sie haben von der Gegenseite soeben ein Kaufsignal erhalten. Es geht jetzt darum, die Unsicherheit auf Seiten des neuen Arbeitgebers abzubauen.

Zum Beispiel könnten Sie sagen: »Ich verfüge über umfassende Branchenerfahrungen, habe bei meinem bisherigen Arbeitgeber Großkunden intensiv betreut und so die Zahl der Verkaufsabschlüsse in den letzten beiden Jahren jeweils um 15 Prozent steigern können, was sich für das Unternehmen ja sofort sehr positiv bemerkbar gemacht hat. Die umfassende Kundenbetreuung in der neuen Position erfordert mehr Reisetätigkeit von mir. Ich glaube daher, dass ein Jahresgehalt von 42 500 Euro meine Berufs- und Branchenerfahrung angemessen honoriert. Schließlich werde ich für Sie ähnliche Erfolge erzielen.«

Ein wesentlicher Teil der Gehaltsverhandlung ist Ihre Einordnung in das bestehende Gehaltsgefüge der Firma durch den Personalverantwortlichen. Ihr Einstiegsgehalt muss zu den Gehältern Ihrer zukünftigen Kollegen in einer vertretbaren Relation stehen. Sie selbst brauchen diese Einordnung nicht zu leisten, aber Sie müssen Ihrem Gesprächspartner auf der Firmenseite Argumente liefern, damit er Ihre Gehaltswünsche gegenüber anderen Entscheidungsträgern rechtfertigen kann.

Je klarer Sie daher im Gespräch herausarbeiten, was Sie von anderen Mitbewerbern positiv abhebt, desto stärker ist Ihre Verhandlungsposition.

Gehaltsfragen

Das Brutto-Jahresgehalt sollte für Sie nicht der einzige Maßstab bei der Kalkulation Ihres Gehaltswunsches sein. Wenn Sie von Ihrer jetzigen Firma Zusatzleistungen erhalten oder die Möglichkeit haben, Nebenverdienste zu erzielen, müssen Sie dies bei den Gehaltsverhandlungen berücksichtigen. Sonst kann es sein, dass Sie selbst bei einem höheren Grundgehalt in der neuen Position keine reale Gehaltssteigerung erzielen.

Stellen Sie sich daher die folgenden Fragen, wenn Sie Ihr neues Wunschgehalt ausarbeiten.

- → Erhalten Sie Urlaubs- beziehungsweise Weihnachtsgeld?
- → Welcher Anteil an Ihrem Gehalt ist fix und welcher flexibel?
- → Gibt es bestimmte Erfolgsprämien / Zielvereinbarungen?
- → Wie realistisch sind die damit verbundenen Bedingungen / Ziele?
- → Erhalten Sie vermögenswirksame Leistungen?
- → Schließt die Firma für Sie Zusatzversicherungen ab?
- → Kommen Sie in den Genuss von Firmenrabatten?
- → Erhalten Sie kostengünstiges Mittagessen in der Kantine?
- → Wie sind die Reisekostenvergütungen bemessen?
- → Stellt man Ihnen einen Firmenwagen zur Verfügung?
- → Gibt es eine zusätzliche betriebliche Altersvorsorge?
- → Beteiligt sich Ihr neuer Arbeitgeber an den Umzugskosten oder übernimmt er sie komplett?

- → Wie hoch ist Ihre bisherige Mietbelastung, und wie hoch sind die Mietpreise und Lebenshaltungskosten an Ihrem neuen Tätigkeitsort (Stadt-Land-/Nord-Süd-Ost-West-Gefälle)?
- → Wie werden Überstunden abgegolten?
- → Kann Ihre Lebenspartnerin beziehungsweise Ihr Lebenspartner weiterhin beruflich tätig sein?
- → In welcher Übergangsfrist ist es realistischerweise möglich, eine adäquate Anstellung zu finden?
- → Welche Weiterbildungskosten werden übernommen?
- → Haben Sie aus Nebentätigkeiten ein zusätzliches Einkommen, das bei Ihrer neuen Stelle wegfallen würde?
- → Sind Sie bereit, für Entwicklungsmöglichkeiten in der neuen Firma Abstriche am Anfangsgehalt zu machen?

10. Körpersprache im Vorstellungsgespräch

Im Vorstellungsgespräch werden Ihre Gesprächspartner nicht nur auf Ihre Wortwahl achten, sondern auch genau beobachten, wie Sie sich verhalten. Es kommt also nicht nur auf das an, *was* Sie sagen, sondern auch darauf, *wie* Sie es sagen.

Die Körpersprache kann für Personalverantwortliche sehr aussagekräftig sein – insbesondere dann, wenn man sie in Beziehung zu den gerade getroffenen Aussagen des Bewerbers setzt.

Das sollten Sie sich merken:
Der Persönlichkeits-Test im Vorstellungsgespräch erstreckt sich auch auf die Beobachtung der Körpersprache. Das Verhalten von Bewerbern wird genau registriert und fließt mit in die Bewertung ein.

Schaut ein Bewerber die meiste Zeit zu Boden und weicht beständig dem Blick des Personalprofis aus, wird man ihm nicht abnehmen, dass er als kontaktstarker Kundenberater agieren kann – auch wenn er dies mit seinen Worten behauptet. Schwer haben es auch diejenigen, die von sich sagen, dass sie stets offen für die Anregungen von Kollegen sind, dabei jedoch mit verschränkten Armen am Tisch sitzen: Man wird ihnen nicht wirklich glauben, dass das, was sie erzählen, auch zutrifft. Personalverantwortliche fordern Kongruenz ein, das heißt, sie erwarten, dass die Körpersprache das Gesagte unterstützt.

Neben der Stimmigkeit zwischen Wort und Auftritt ist die Körpersprache aber auch ein wichtiger Sympathiefaktor. Das, was man gemeinhin als den berüchtigten »Nasenfaktor« im Vorstellungsgespräch bezeichnet, wird ganz stark von der Körpersprache beeinflusst. Die Körpersprache kann dazu führen, dass man sich respektiert oder sogar mag – oder auch ablehnt.

Vorsicht Falle!
Achten Sie vor allem bei Stressfragen, Kontrollfragen und unzulässigen Fragen auf ruhiges und souveränes Verhalten. Personalverantwortliche beobachten Ihre körpersprachlichen Reaktionen hier besonders genau.

Für die meisten Menschen ist die eigene Körpersprache leider immer noch ein Buch mit sieben Siegeln. Nur in den seltensten Fällen setzt man sich einmal damit auseinander, mit welchen Gesten man seine Worte begleitet. Dabei sind Bedeutung und Aussagekraft der Körpersprache unumstritten. Auch die Sprache ist voll mit Vergleichen und Analogien aus dem Bereich der Körpersprache: Ausdrücke wie »vor Wut die Faust ballen«, »vor Abscheu die Nase rümpfen« oder »vor Angst die Augen weit aufreißen« belegen, dass die innere Einstellung durch Gestik und Mimik auch äußerlich sichtbar wird. Und genau auf solche Hinweise achten Personalprofis auch im Vorstellungsgespräch.

Zur Körpersprache gehört allerdings mehr als nur die reinen Handbewegungen oder die Regungen im Gesicht: Auch die Körperhaltung spielt eine Rolle. Und den meisten ist ebenfalls nicht klar, dass zur Körpersprache ebenfalls der Tonfall gehört, in dem eine Äußerung gemacht wird. Insgesamt sind also Mimik, Gestik, Körperhaltung und die Stimme wichtige Einflussfaktoren im Gespräch. Diese Elemente sind letztendlich nur einzelne Aspekte neben dem gesprochenen Wort, aber es lohnt sich trotzdem, den Blick für einzelne Körpersignale zu schärfen, denn Personalprofis sind in der Auswertung der Körpersprache der Bewerber geschult, und grobe Schnitzer werden nicht verziehen.

Störfeuer ohne Worte

Für Personalverantwortliche ist der Gesamteindruck wichtig, den ein Bewerber hinterlässt. Die Körpersprache spielt dabei natürlich eine Rolle. Einzelne Fehltritte werden – wie auch bei den mündlichen Aussagen – durchaus verziehen. Häufen sich allerdings die Fehler, wird es für den Bewerber eng.

Wenn wir unsere Beratungsteilnehmer mit der Bedeutung körpersprachlicher Signale in Vorstellungsgesprächen vertraut machen, weisen wir immer darauf hin, dass sie nicht die Rolle eines Schauspielers einnehmen sollen. Es geht nicht darum, sich zu verstellen, sondern vielmehr darum, Störfaktoren aufzulösen. Denn Körpersprache kann nicht nur die Entscheidung des Personalverantwortlichen zum Schlechten beeinflussen, sondern auch das Wohlbefinden des Bewerbers negativ eintrüben.

Die meisten Kandidaten wissen gar nicht, dass sie sich mit bestimmten Körpersignalen selbst das Leben schwer machen. Da Vorstellungsgespräche grundsätzlich Stress hervorrufen, sollte man sich davor hüten, diese Anspannung noch zu verstärken. Es gibt beispielsweise Bewerber, die in Stresssituationen dazu neigen, die Beine zu verknoten, was nur dazu führt, dass sie nach wenigen Minuten völlig verspannt sind. Auch

Kandidaten, die ständig an Kleidung oder Schmuck herumspielen, machen sich damit oft selbst nervös. Erhöhte Anspannung und Nervosität führen in der Konsequenz aber auch immer dazu, dass die Wortäußerungen nicht mehr flüssig vorgebracht werden. Das Gespräch gerät ins Stocken und der Bewerber schadet sich selbst.

Ganz besonders schwer haben es diejenigen, die unter Stress aggressive Körpersignale senden, denn so etwas werden Personalentscheider überhaupt nicht tolerieren. Sticht ein Bewerber dauernd mit seinem Zeigefinger in Richtung Gesprächspartner oder verfällt er sogar in einen aggressiven Tonfall, ist das Gespräch sehr schnell zu Ende.

Wir haben für Sie die drei wesentlichen Arten dieses »Störfeuers ohne Worte« zusammengefasst, nämlich körpersprachliche Signale, die auf Unsicherheit, Irritation oder womöglich Aggression hindeuten. Die von uns aufgeführten Fehler sollten Sie möglichst vermeiden, und besonders die im Block Aggression genannten dürfen Sie auf keinen Fall im Vorstellungsgespräch begehen.

Minuspunkte durch Körpersprache

Körpersprachliches Signal:	Das vermuten Personalverantwortliche:
Unsicherheit:	
Ohrläppchen reiben	→ »Fehlen ihm die Worte?«
Fehlender Blickkontakt	→ »Hat er Angst vor mir?«
Herumrutschen auf dem Stuhl	→ »Ist sie sich ihrer Sache nicht sicher?«

Herumspielen am Schmuck	→ »Ist sie nervös?«
Nesteln an der Kleidung	→ »Fühlt er sich in seiner Haut unwohl?«
Zu leise Stimme	→ »Hat sie kein Selbstbewusstsein?«
Irritation:	
Finger geht zur Nase	→ »Hält sie mit der Wahrheit hinterm Berg?«
Kugelschreiber klicken	→ »Ist er nicht bei der Sache?«
Trommeln auf der Tischplatte	→ »Warum ist sie so ungeduldig?«
Um Stuhlbeine gewickelte Beine	→ »Muss er sich festhalten?«
Verschränkte Arme	→ »Will sie nicht offen antworten?«
Aggression:	
Gesenkter Kopf	→ »Bietet er mir die Stirn?«
Stechender Finger	→ »Will er mit mir die Klingen kreuzen?«
Starrer Blick	→ »Kommt es zu einem Machtkampf?«
Unvermitteltes Vorbeugen	→ »Will sie mir das Gespräch entreißen?«
Geballte Faust	→ »Schlägt sie gleich zu?«
Zu laute Stimme	→ »Will er mich niederbrüllen?«

Die Vermutungen, die Personalentscheider aufgrund von körpersprachlichem Fehlverhalten treffen, sind natürlich keine absoluten Wahrheiten. Gefährlich für Bewerber ist aber, dass sie den Personalverantwortlichen vom Gespräch ablenken. Dann konzentriert sich der Personalprofi nicht mehr auf das Gesagte, sondern sucht nur noch nach weiteren negativen Beweisen dafür, dass der Bewerber eigentlich ungeeignet ist.

Weitere schwerwiegende Fehler, die gerade in Vorstellungsgesprächen häufig zu beobachten sind, sind die so genannten Revierverletzungen. Es gibt Bereiche, die Menschen als geschützt betrachten, und sie reagieren dann mit großem Ärger, wenn andere in diese Bereiche ungefragt eindringen. Die meisten Bewerber wissen, dass man einen gewissen Abstand zum Gesprächspartner einhalten sollte. Wer auf Zentimeter an den Gesprächspartner heranrückt, muss mit Ablehnung rechnen.

Vielen Bewerbern ist hingegen nicht klar, dass auch der Schreibtisch oder Konferenztisch eines Personalverantwortlichen zu seiner Schutzzone gehört. Verletzungen dieses Reviers werden ihn verärgern. Ein klassischer Fehler ist das ungefragte Ablegen der mitgebrachten eigenen Unterlagen auf dem Tisch. Bewerber, die so vorgehen, setzen sich dem Verdacht aus, dass sie auch in der Arbeit ihren Kollegen gerne Akten auf den Tisch knallen und so ein kooperatives Miteinander torpedieren. Kritisch wird es auch, wenn ein Bewerber mit dem Eigentum des Personalentscheiders herumspielt, beispielsweise einem Kugelschreiber. Diese Geste kann besitzergreifend wirken und zu seinen Ungunsten ausgelegt werden. Achten Sie deshalb darauf, dass Ihnen diese Revierverletzungen im Vorstellungsgespräch nicht unterlaufen.

Souverän auftreten

Wir hatten Ihnen ja bereits erläutert, dass Schauspielerei im Vorstellungsgespräch nicht weiterhilft. Sie ist auch gar nicht nötig, da es nicht darum geht, etwas vorzuspielen, sondern Störsignale zu vermeiden. Sie sollten sich deshalb in einem ersten Schritt mit ihren »Lieblingsstressgesten« auseinander setzen und in einem zweiten Schritt trainieren, diese aufzulösen: beispielsweise, indem Sie sich darauf eichen, die Hände wieder zu öffnen, wenn Sie merken, dass Sie sie zur Faust ballen; oder eine aufrechte Sitzhaltung einzunehmen, wenn Sie feststellen, dass Sie im Stuhl zusammensacken.

Am einfachsten gelingt Ihnen die Vermeidung körpersprachlicher Fehler, wenn Sie darauf achten, immer wieder eine Sitzposition einzunehmen, die möglichst wenig Verspannungen hervorruft. Geeignet dafür ist die 90-Grad-Sitzhaltung, das heißt, zwischen Ober- und Unterschenkel befindet sich ebenso ein rechter Winkel wie zwischen Oberschenkel und Oberkörper. Rücken Sie mit dem Gesäß an die Stuhllehne heran, halten Sie den Oberkörper gerade sowie den Kopf in der Verlängerung des Rückgrats, und stellen Sie die Fußsohlen auf den Boden. Wenn Sie dann noch die Oberarme am Körper halten und die Hände locker auf den Oberschenkeln aufliegen lassen, haben Sie eine gute Grundposition, zu der Sie immer wieder zurückkehren können – insbesondere dann, wenn Sie merken, dass Sie gerade dabei sind, in Ihr übliches Stressverhalten hineinzugeraten. In der folgenden Übersicht »Der überzeugende Auftritt« finden Sie die wichtigsten körpersprachlichen Signale und ihre Wirkung nochmals auf einem Blick.

Der überzeugende Auftritt

Körpersprachliches Signal:		Das vermuten Personalverantwortliche:
Aufrechte Sitzhaltung	→	»Er ist aufmerksam und konzentriert.«
Aufzählungsgesten einsetzen	→	»Sie geht strukturiert vor.«
Blickkontakt mit dem Interviewer	→	»Sie ist glaubwürdig.«
Hände liegen locker auf Stuhllehnen oder Oberschenkeln	→	»Er hält Druck aus und ist belastbar.«
Nimmt Blickkontakt zu allen Gesprächspartnern auf	→	»Er ist teamfähig.«
Füße stehen fest auf dem Boden	→	»Ein Bewerber mit Bodenhaftung.«
Deutlich und mit angemessener Lautstärke sprechen	→	»Der Bewerber ist souverän.«

Personalverantwortliche, aber auch künftige Fachvorgesetzte und Geschäftsführer, schätzen ein glaubwürdiges Auftreten. Sie müssen keine bestimmte Körpersprache auswendig lernen. Wenn Sie Ihre Einstellungsargumente in Ihrer Selbstpräsentation und Ihre Antworten auf bestimmte Fragen der Firmenseite mit einer passenden Körpersprache unterstützen, überzeugen Sie die Entscheider auf der Firmenseite.

Das sollten Sie sich merken:
Stellen Sie ruhig einmal ein Vorstellungsgespräch nach und nehmen Sie sich dabei mit der Videokamera auf – dann wird Ihnen auffallen, wie Sie sich unter Stress verhalten, und Sie können Ihre Fehler leichter beheben.

11. Auf dem Weg ins Vorstellungsgespräch

Bevor es mit dem eigentlichen Vorstellungsgespräch losgeht, gibt es noch einige Punkte zu beachten, damit auch ein reibungsloser Start gelingt: Sie müssen sich auf das Gespräch einstimmen, angemessene Kleidung auswählen und die Anreise planen.

Bedenken Sie, dass Personalverantwortliche meistens mehrere Vorstellungsgespräche an einem Tag durchführen. Sie erleben die Bewerber im direkten Vergleich, und auch äußere Faktoren wie Kleidung können da den Ausschlag geben.

Die passende Kleidung

Bei der Auswahl Ihrer Kleidung sollten Sie berücksichtigen, dass die Kleidung zu Ihrem persönlichen Auftreten dazugehört. Viele Bewerber vergessen, dass das Vorstellungsgespräch keine Alltagssituation ist, und kleiden sich deshalb zu nachlässig.

Praxisbeispiel

Die Personalverantwortliche einer großen Bekleidungskette beschwerte sich einmal bitterlich bei uns darüber, dass regelmäßig Bewerber in Jeans auftauchten. Dabei sei doch aus dem Internetauftritt der Firma deutlich herauszulesen, dass das Tragen von Anzügen oder Kostümen fester Bestandteil der Unternehmensphilosophie sei. Schließlich verkaufe man Kleidung für gehobene Ansprüche. Bewerber, die dies nicht nachvollziehen wollen, seien in ihrem Unternehmen von vornherein chancenlos.

Glücklicherweise sind die Anforderungen an die Kleidung von Bewerberinnen und Bewerbern nicht mehr so verstaubt, wie es früher der Fall war. Sie haben mehr Möglichkeiten Ihre Persönlichkeit auch optisch zu unterstreichen. Allerdings sind diese Möglichkeiten nicht unbegrenzt. Denn auch mit Ihrer Kleidung sollten Sie zeigen, dass Sie es ernst mit Ihrer Bewerbung meinen.

Um es Ihnen mit der Kleiderfrage etwas leichter zu machen, geben wir Tipps für diese drei Gruppen, die sich in Sachen »Kleidungsstil im Vorstellungsgespräch« gut voneinander abgrenzen lassen:

→ **Kaufmännische Berufe**
→ **Technische Berufe**
→ **Kreative Berufe**

In jeder dieser Gruppen gelten Besonderheiten, die Bewerber berücksichtigen sollten. Entscheiden Sie bitte für sich, welche der vorgestellten Kleidertipps für das von Ihnen angestrebte Berufsfeld entsprechend gelten.

Kaufmännische Berufe: In Berufen mit Kundenkontakt, beispielsweise in Banken, Versicherungen, Krankenkassen und auch im öffentlichen Dienst, ist Business-Outfit angesagt. Bewerberinnen und Bewerber sollten im Vorstellungsgespräch zumindest Stoffhose/Rock und Hemd/Bluse tragen. Turnschuhe und Jeans sind hier ein Knockout-Kriterium. Zeigen Sie im Vorstellungsgespräch auch mit Ihrer Kleidung, dass Sie ins übliche Erscheinungsbild der Mitarbeiterinnen und Mitarbeiter passen. Oft ist sogar der Anzug mit Krawatte oder das Kostüm empfehlenswert. Schmuck sollte äußerst dezent sein.

Technische Berufe: Bei technischen Berufen geht es etwas lockerer zu. Im Informatik und Elektronik-Bereich ist die Kleiderordnung nicht ganz so streng. Der Anzug muss es nicht immer sein. Mit einer gepflegten Freizeitkleidung kann man ebenfalls punkten. Dazu gehört das Oberhemd oder die Bluse, beides kombiniert mit einer klassischen Jeans oder Stoffhose, abgerundet durch Sakko oder Blazer. Auf allzu modische Gags sollten Bewerber verzichten. Und darauf achten, dass die Kleidung gepflegt und gut in Schuss ist.

Kreative Berufe: Hier gibt es die größten Freiheiten. Wer in der Werbebranche arbeitet, sich als Maskenbildner, Bühnenmaler oder Friseur bewirbt, darf seine Kleidung für das Vorstellungsgespräch ruhig fantasievoller aussuchen. Hier wird sicherlich auch ein Piercing akzeptiert. Trotzdem gilt für das Vorstellungsgespräch: Bitte nicht zu wild auftreten. Schließlich gilt auch für kreative Berufe, dass 90 Prozent Arbeit und zehn Prozent Kreativität sind. Diese Kombination sollte auch bei Ihrem Auftritt deutlich werden. Man sollte erkennen können, dass Sie sich Mühe bei der Zusammenstellung Ihrer Kleidung gegeben und nicht einfach das nächstbeste Stück gegriffen haben.

Die 24 Stunden vor dem Gespräch

Damit Sie sich in der Nacht vor Ihrem Vorstellungsgespräch nicht schlaflos hin- und herwälzen, sollten Sie sich am Tag vor dem Termin innerlich auf das Gespräch einstellen.

Üblicherweise bewerben sich Jobsucher nicht nur bei einer Firma, sondern bei mehreren, und da kann es schon einmal zu Konfusionen kommen. Personalverantwortliche beklagen immer wieder, dass einige Bewerber in Vorstellungsgesprächen desorientiert auftreten: Die genaue Positionsbezeichnung der ausgeschriebenen Stelle ist ihnen nicht präsent, Informationen zur Firma können nicht geliefert werden, oder es werden sogar Produkte durcheinander gebracht.

Damit Ihnen das nicht passiert, sollten Sie sich vor jedem Vorstellungsgespräch die entsprechenden Informationen erneut ins Gedächtnis rufen. Nehmen Sie die Stellenanzeige in die Hand und werfen Sie noch einmal einen Blick auf die Firmenhomepage im Internet. Auch die der Firma zugesandten Bewerbungsunterlagen sollten Sie erneut durchgehen. Wir haben Ihnen ja erläutert, wie wichtig es ist, mit individuellem und passgenauem Profil aufzutreten. Fassen Sie noch einmal für sich Ihre Einstellungsargumente für gerade diese Firma und Stelle zusammen. Gehen Sie typische Fragen durch und üben Sie, Ihre Stärken in die Antworten einfließen zu lassen.

Wenn es in Ihrem Lebenslauf »Knackpunkte« oder Lücken gibt, auf die Sie angesprochen werden könnten, sollten Sie kurze Erklärungen dafür bereithalten. Haben Sie beispielsweise beim letzten Arbeitgeber nur eine kurze Zeit verbracht, sollte für Personalverantwortliche nachvollziehbar werden, dass die Gründe dafür nicht bei Ihnen zu suchen sind. Im Kapitel 6 *Formulierungshilfen für kleine Brüche im Lebenslauf* haben wir Sie mit geeigneten Argumentationsweisen vertraut gemacht. Und auf jeden Fall sollten Sie die ausgedruckte Stellenanzeige, Ihre

Bewerbungsunterlagen, die Originale Ihrer Arbeitszeugnisse und die mit der Firma geführte Korrespondenz zum Vorstellungsgespräch mitnehmen, um sich bei Bedarf darauf beziehen zu können.

Das sollten Sie sich merken:
Vergegenwärtigen Sie sich mit einem Blick auf die Einladung, wer Ihr Gesprächspartner sein wird. Lernen Sie dessen Namen und Position auswendig, damit Sie ihn auch mit Namen anreden können.

Ihre Anreise zum Vorstellungsgespräch sollten Sie so planen, dass Sie vor dem Termin das Firmengelände betreten können. In großen Unternehmen kann es schon einige Zeit dauern, bis der Weg vom Pförtner zum Besprechungsraum bewältigt ist. Unpünktlichkeit verschafft Ihnen einen dicken Minuspunkt. Rechnen Sie auch mit ein, dass Sie bei der Anreise in einen Stau geraten könnten. Stellt sich heraus, dass sich der Termin nicht einhalten lässt, ist es besser, zum Handy zu greifen und die Firma über Ihre Verspätung zu informieren, als den Termin sang- und klanglos verstreichen zu lassen.

12. Wie geht es weiter?

Nachdem Sie nun die erste Runde des persönlichen Kennenlernens hinter sich gebracht haben, ist es an der Zeit, in Ruhe eine erste Zwischenbilanz zu ziehen. Können Sie sich – auch nach dem ersten Vorstellungsgespräch – vorstellen, in der neuen Firma zu arbeiten?

Ihre Zwischenbilanz

Treffen Sie Ihre Entscheidung nicht voreilig und allein »aus dem Bauch« heraus. Gehen Sie stattdessen das Vorstellungsgespräch noch einmal in Gedanken vom Anfang bis zum Ende durch und werten Sie es Punkt für Punkt aus. Wägen Sie gründlich alle Argumente ab, die für oder gegen eine Einstellung sprechen. Den perfekten Arbeitsplatz gibt es leider nur sehr selten: Wir alle müssen mit dem einen oder anderen Kompromiss leben. Überlegen Sie sich daher genau, womit Sie zufrieden sind, wo Sie Zugeständnisse machen könnten und wo Sie auf gar keinen Fall einen Kompromiss eingehen möchten. Stellen Sie sich aus diesem Grund die Fragen aus unserer Übersicht »Entscheidungsfindung« und ergänzen Sie sie auch durch eigene.

Entscheidungsfindung

- → Komme ich mit den Aufgaben klar, die im Mittelpunkt der neuen Stelle stehen?
- → In welchen Bereichen werde ich in der neuen Stelle Schwierigkeiten haben?
- → Welche von mir favorisierten Aufgaben werde ich auch in der neuen Stelle wahrnehmen?
- → Wer wird mir bei der Einarbeitung zur Seite stehen?
- → Finde ich einen guten Draht zu den Kollegen, die ich bisher kennen gelernt habe?
- → Könnte ich mit dem neuen Chef oder der neuen Chefin leben?
- → Wie wirkt die Firmenstimmung auf mich (anregend, chaotisch, konservativ, kreativ)?
- → Ist die Bezahlung in Ordnung?
- → Kann ich mich mit den Produkten oder Dienstleistungen der neuen Firma identifizieren?
- → Kann ich mich in der neuen Stelle weiterentwickeln?
- → Werde ich im neuen Job meinen Fähigkeiten entsprechend eingesetzt?

Bei Ihrer Entscheidungsfindung spielt es natürlich auch eine Rolle, wie dringend Sie auf den neuen Arbeitsplatz angewiesen sind. Ein junger, räumlich mobiler Single mit einigen Jahren Berufserfahrung kann sicherlich anders an die Entscheidung herangehen als ein in seiner Region verwurzelter Familienvater, der noch die Raten fürs Reihenhäuschen abbezahlen muss. Dennoch lehrt die Erfahrung, dass Menschen sich nur bis zu einem gewissen Grad »verbiegen« können. Wenn absehbar ist, dass man mit den Kollegen überhaupt nicht warm werden wird oder sogar Streit vorprogrammiert ist, sollte man diese Warnsignale nicht ignorieren.

Aber auch der umgekehrte, positive Fall ist denkbar: Sie sind nach dem Vorstellungsgespräch regelrecht begeistert von den Aussichten, die die neue Stelle bietet. Dann sollten Sie Ihre positive Einschätzung auch der Firmenseite mitteilen. Schreiben Sie eine kurze E-Mail oder einen knappen Brief an Ihren Ansprechpartner und betonen Sie darin zwei oder drei wesentliche Argumente, die aus Ihrer Sicht besonders für Sie sprechen.

Die E-Mail könnte beispielsweise so aussehen: »Sehr geehrter Herr Backhaus, ich möchte mich noch einmal für das produktive Gespräch mit Ihnen bedanken. Besonders angesprochen an der neuen Stelle hat mich die Möglichkeit, auch zukünftig Projektverantwortung zu übernehmen. Darüber hinaus kann ich auch meine Branchenkenntnisse optimal in die Stelle einbringen. Daher würde ich mich freuen, von Ihnen eine positive Nachricht zu bekommen.«

Eine solche E-Mail signalisiert dem angeschriebenen Firmenvertreter, dass Sie es mit Ihrer Bewerbung ernst meinen.

Was passiert im zweiten Vorstellungsgespräch?

Mit einem Vorstellungsgespräch allein ist es meistens nicht getan. Wir haben es schon bei Seminarteilnehmern erlebt, dass sie zu drei bis vier Gesprächen eingeladen worden sind. Üblicherweise werden aber zwei Termine ausreichen, bei denen der Abgleich des Bewerberprofils mit den Wünschen der jeweiligen Firmenvertreter im Mittelpunkt stehen.

Beim ersten Gespräch wird vorrangig die Entscheidung getroffen, ob der Bewerber überhaupt als für die Stelle geeignet erscheint. Zu diesen Bedingungen kann die Bereitschaft zur

Reisetätigkeit, zur Schichtarbeit, zur Möglichkeit der Teilzeitbeschäftigung und zu einer befristeten Anstellung gehören. Auch die Gehaltsvorstellungen von Bewerber und Firma werden im Groben geklärt. Einzelheiten, die den späteren Arbeitsvertrag betreffen, werden meistens ausgeklammert.

Kommt es dann zu einem zweiten Vorstellungsgespräch, sollten die Bewerber nicht in den Irrglauben verfallen, dass diese zweite Runde ein Selbstläufer ist. Bewerber stellen sich oft selbst ein Bein, indem Sie glauben, alles Notwendige sei bereits gesagt worden. Diese Einstellung ist aber vor allem dann fatal, wenn im zweiten Vorstellungsgespräch neue Personen auftauchen – das könnte der direkte Fachvorgesetzte sein, der Bereichsleiter oder auch der Geschäftsführer, der sich die letztendliche Entscheidung vorbehalten möchte.

Es gilt die Regel, dass jeder am Entscheidungsprozess Beteiligte neu überzeugt werden muss. Insbesondere Ihre Einstellungsargumente müssen Sie deshalb ein weiteres Mal präsentieren. Manche Bewerber treten in der zweiten Runde viel zu passiv auf, wenn es um ihr Profil geht, entwickeln aber viel Energie, wenn es um die Klärung von Gehalts- und Urlaubsfragen geht.

Das sollten Sie sich merken:
Sie müssen auch im zweiten Gespräch Ihren konkreten Nutzen für die Firma herausstreichen. Sprechen Sie vor allem die neu hinzugekommenen Firmenvertreter an – der Personalverantwortliche wird sich nicht zum Anwalt Ihrer Sache machen.

Lassen Sie deshalb die Argumente, die für Ihre Einstellung sprechen, nicht unter den Tisch fallen, nur weil Sie sie im ersten Gespräch gegenüber dem Personalverantwortlichen bereits genannt haben. Bedenken Sie, dass Sie alle Entscheider auf den gleichen Informationsstand bringen müssen.

Natürlich spielen auch Gehaltsfragen, Urlaubsregelungen, Arbeitszeiten, Provisionen, Dienstwagennutzung, Zusatzversicherungen und Betriebsrenten im zweiten Vorstellungsgespräch eine Rolle. Klären Sie diese Punkte aber lieber im letzten Drittel des Gespräches, und nicht direkt am Anfang.

Fassen Sie das zweite Vorstellungsgespräch als Überprüfung der Ergebnisse aus der ersten Runde auf. Die Firmenvertreter werden daran interessiert sein, ob Sie auch im zweiten Gespräch bei Ihrer Linie bleiben. Deshalb wird man auch die Aufzeichnungen des ersten Vorstellungsgespräches heranziehen und Ihnen Kontrollfragen stellen: Man will wissen, ob das gute Abschneiden im ersten Gespräch nur ein Zufall war oder ob Sie tatsächlich so überzeugend sind. Aber auch Sie können sich im zweiten Vorstellungsgespräch auf das erste beziehen. Machen Sie deutlich, dass Sie sich im Anschluss an das erste Kennenlernen eigene Gedanken gemacht haben, und betonen Sie, welche Aspekte Sie besonders angesprochen haben. Stellen Sie heraus, dass Sie wirklich eine bewusste Entscheidung treffen und gerne zu der neuen Firma wechseln möchten. Die folgenden Formulierungen helfen Ihnen dabei, Punkte aus dem ersten Gespräch aufzugreifen.

Querverweise

- → »Im letzten Gespräch habe ich mich in meinem Wunsch, für Sie tätig zu werden, sehr bestätigt gefühlt.«
- → »Die Möglichkeit, mich in Ihrer Firma weiterzuentwickeln, hat mich ganz besonders angesprochen.«

- »Die von Ihnen vorgesehene Mitarbeit an Sonderaufgaben interessiert mich sehr.«
- »Sehr gefreut habe ich mich über Ihre Weiterbildungsangebote.«
- »Ich habe den Eindruck gewonnen, dass gerade meine Erfahrungen in den Bereichen … für Sie wertvoll sind.«

Geben Sie sich nach einem gut verlaufenen ersten Vorstellungsgespräch nicht vorschnell dem Siegestaumel hin. Setzen Sie Ihren souveränen Auftritt fort, bis Sie einen von der Firma unterschriebenen Arbeitsvertrag zugesendet bekommen – dann dürfen Sie die Sektkorken knallen lassen!

Schlusswort: Engagiert ins Vorstellungsgespräch

Damit Sie als Wunschkandidat auftreten können, haben Sie sich nun eine Selbstpräsentation erarbeitet und sich mit Ihren Stärken und Schwächen intensiv auseinander gesetzt, Sie können Ihren individuellen Wechselgrund jetzt plausibel darstellen und auch eventuelle Brüche im beruflichen Werdegang gut verkaufen. Sie wissen ebenfalls, dass Vorstellungsgespräche heute immer auch ein Persönlichkeits-Test sind. »Kleine Gemeinheiten« der Personalprofis wie Stressfragen, Kontrollfragen und unzulässige Fragen bringen Sie nicht mehr aus dem Konzept. Abgerundet wird Ihr persönlicher Auftritt mit einer glaubwürdigen Körpersprache. Mit diesem Wissen können Sie nun aktiv ins Geschehen eingreifen und Ihre individuellen Trümpfe zum richtigen Zeitpunkt ausspielen.

Wenn Sie nach diesem Trainingsprogramm noch eine persönliche Betreuung wünschen, finden Sie unsere Beratungsangebote unter *www.karriereakademie.de*. Ihr Besuch auf unserer Homepage lohnt sich auch deshalb, weil Sie sich dort eine praktische Umsetzung unserer Strategien und Tipps aus diesem Ratgeber anschauen können. Auf Sie wartet die 15-teilige Videoserie »Das Vorstellungsgespräch«, die wir zusammen mit dem Magazin *Focus* produziert haben.

Für Ihre Vorstellungsgespräche wünschen wir Ihnen viel Erfolg!

Christian Püttjer & Uwe Schnierda

Register

V

W

Z